国家核安全局经验反馈集中分析会丛书

国外核电厂燃料破损事件的专题研究

生态环境部核与辐射安全中心　著

中国环境出版集团・北京

图书在版编目（CIP）数据

国外核电厂燃料破损事件的专题研究 / 生态环境部核与辐射安全中心著. - - 北京：中国环境出版集团，2024. 9. - -（国家核安全局经验反馈集中分析会丛书）.
ISBN 978-7-5111-6004-1（2025.8 重印）

Ⅰ. TL249

中国国家版本馆 CIP 数据核字第 2024SJ3886 号

责任编辑 范云平
封面设计 彭　杉

出版发行 中国环境出版集团
（100062 北京市东城区广渠门内大街 16 号）
网　　址：http://www.cesp.com.cn
电子邮箱：bjgl@cesp.com.cn
联系电话：010-67112765（编辑管理部）
发行热线：010-67125803，010-67113405（传真）
印　　刷 北京建宏印刷有限公司
经　　销 各地新华书店
版　　次 2024 年 9 月第 1 版
印　　次 2025 年 8 月第 2 次印刷
开　　本 787×1092　1/16
印　　张 7.75
字　　数 133 千字
定　　价 69.00 元

编著委员会

THE EDITORIAL BOARD

序
PREFACE

《中共中央 国务院关于全面推进美丽中国建设的意见》进一步阐明，为实现美丽中国建设目标，要积极稳妥推进碳达峰碳中和，加快规划建设新型能源体系，确保能源安全。核能，在应对全球气候变化、保障国家能源安全、推动能源绿色低碳转型方面展现出其独特优势，在我国能源结构优化中扮演着重要角色。

安全是核电发展的生命线，党中央、国务院高度重视核安全。党的二十大报告作出积极安全有序发展核电的重大战略部署，全国生态环境保护大会要求切实维护核与辐射安全。中央领导同志多次作出重要指示批示，强调“着力构建严密的核安全责任体系，建设与我国核事业发展相适应的现代化核安全监管体系”，“要不断提高核电安全技术水平和风险防范能力，加强全链条全领域安全监管，确保核电安全万无一失，促进行业长期健康发展”。

推动核电高质量发展，是落实“双碳”战略、加快构建新型能源体系、谱写新时代美丽中国建设篇章的内在要求。我国核电产业拥有市场需求广阔、产业体系健全、技术路线多元、综合利用形式多样等优势。在此基础上，我国正不断加大核能科技创新力度，为全球核能发展贡献中国智慧。然而，我们也应当清醒地认识到，我国核电产业链与实现高质量发展的目标还有一定差距。

“安而不忘危，存而不忘亡，治而不忘乱。”核安全是国家安全的重要组成部分。与其他行业相比，核行业对安全的要求和重视关乎核能事业发展，关乎公众利益，关乎电力保障和能源供应安全，关乎社会稳定，关乎国家未来。只有坚持“绝对责任，最高标准，体系运行，经验反馈”，始终把“安全第一、质量第一”的根本方针和纵深防御的安全理念扎根于思想、体现于作风、落实于行动，才能确保我国核能事业行稳致远。

高水平的核安全需要高水平的经验反馈工作支撑。多年来，国家核安全局致力于推动全行业协同发力的经验反馈工作，建立并有效运转国家层面的核电厂经验反馈体系，以消除核电厂间信息壁垒、识别核电厂安全薄弱环节、共享核电厂运行管理经验，同时整合核安全监管资源、提高监管效能。经过多年努力，核电厂经验反馈体系已从最初有限的运行信息经验反馈，发展为全面的核电厂安全经验反馈相关监督管理工作，有效提升了我国核电厂建设质量和运行安全水平，为防范化解核领域安全风险、维护国家安全发挥了重要保障作用。与此同时，国家核安全局持续优化经验反馈交流机制，建立了全行业高级别重点专题经验反馈集中分析机制。该机制坚持问题导向，对重要共性问题进行深入研究，督促核电行业领导层统一思想、形成合力，精准施策，切实解决核安全突出问题。

“国家核安全局经验反馈集中分析会丛书”是国家核安全局经验反馈集中分析研判机制一系列成果的凝练，旨在从核安全监管视角，探讨核电厂面临的共性问题和难点问题。该丛书深入探讨了核电厂的特定专题，全面审视了我国核电厂的现状，以及国外良好实践，内容丰富翔实，具有较高的参考价值。书中凝聚了国家核安全监管系统，特别是国家核安全局机关、核与辐射安全中心和业内各集团企业相关人员的智慧与努力，是集体智慧的成果！丛书的出版不仅展示了国家核安全局在经验反馈方面的深入工作和显著成效，也满足了各界人士全面了解我国核电厂特定领域现状的强烈需求。经验，是时间的馈赠，是实践的结晶。经验告诉我们，成功并非偶然，失败亦非无因。丛书对于核安全监管领域，是一部详尽的参考书；对于核能研究和设计领域，是一部丰富的案例库；对于核设施建设和运行领域，是一部重要的警示集。希望每位核行业的从业者，在翻阅这套丛书的过程中，都能有所启发，有所收获，有所警醒，有所进步。

核安全工作与我国核能事业发展相伴相生，国家核安全局自成立以来已走过四十年的光辉历程。核安全所取得的成就，得益于行业各单位的认真履责，得益于行业从业者的共同奋斗。全面强化核能产业核安全水平是一项长期而艰巨的系统工程，任重而道远。雄关漫道真如铁，而今迈步从头越。迈入新时代新征程，我们将继续与核行业各界携手奋进，坚定不移地锚定核工业强国的宏伟目标，统筹发展和安全，以高水平核安全推动核事业高质量发展。

是以为序。

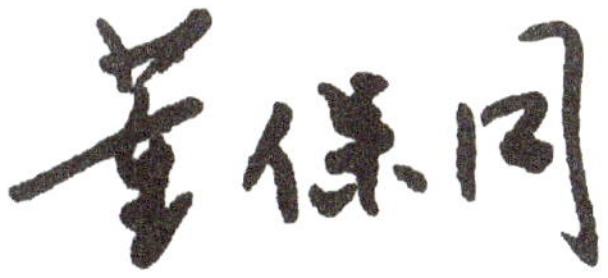

生态环境部副部长、党组成员

国家核安全局局长

2024 年 9 月

前言
FOREWORD

习近平总书记在党的二十大报告中指出“高质量发展是全面建设社会主义现代化国家的首要任务”，强调“统筹发展和安全”“以新安全格局保障新发展格局”“积极安全有序发展核电”，为新时代新征程做好核安全工作提供了根本遵循和行动指南。新征程上，我们要深入学习贯彻习近平新时代中国特色社会主义思想，以总体国家安全观和核安全观为遵循，加快构建现代化核安全监管体系，切实提高政治站位，站在维护国家安全的高度，充分认识核电安全的极端重要性，全面提升监管能力水平，以高水平监管促进核事业高质量发展。

有效的经验反馈是保障核安全的重要手段，是提升核安全水平的重要抓手。经过多年不懈努力，国家核安全局逐步建立起一套涵盖核电厂和研究堆、法规标准较为完备、机制运转流畅有效、信息系统全面便捷的核安全监管经验反馈体系。经验反馈作为我国核安全监管的“四梁八柱”之一，真正起到了夯实一域、支撑全局的作用。近年来，为贯彻落实党的二十大和全国生态环境保护大会精神，国家核安全局坚持守正创新，在经验反馈交流机制方面有了进一步的创新和发展，建立了经验反馈集中分析机制，并确保了该机制的顺畅运行。通过对核安全监管热点、难点和共性问题进行专题探讨，督促核电行业同题共答、同向发力，有效推动问题的解决。

燃料组件是反应堆的核心部件，其基本功能是包容燃料和裂变产物，实现核燃料的链式裂变反应，并将核能转化为热能。燃料组件主要由燃料棒、定位格架、导向管等部件组成，燃料棒包壳作为阻止放射性物质向外扩散的第一道安全屏障，其完整性至关重要，若燃料棒包壳发生破损，一回路冷却剂中的放射性核素就会大幅增加，势必影响核电厂的安全稳定运行。

截至 2024 年 8 月，我国大陆所有在运压水堆核电厂共发生 61 次燃料破损，重水堆核电机组共发生 47 组燃料破损。燃料破损事件对机组的安全稳定运行造成严重影响，同时降低了机组的可用率，损害了机组的经济性。生态环境部（国家核安全局）对此高度重视，组织开展了燃料可靠性经验反馈集中分析活动，以推动燃料组件可靠性的提升。为全面了解国外核电厂燃料组件破损事件，并从中深刻汲取相关经验教训，本书编写组深入调研了国外核电厂燃料组件在堆运行情况，以及相关国际组织对燃料破损事件的研究成果，形成专题报告，旨在为我国核电厂燃料组件的破损机理研究、根本原因分析、纠正措施制定、事件处置，以及燃料性能提升提供技术参考。

本书通过对国际上主要核电国家的核电厂燃料相关重要事件，以及国际原子能机构（IAEA）、美国核电运行研究所（INPO）、世界核电运营者协会（WANO）、经济合作与发展组织核能机构（NEA/OECD）、欧盟委员会联合研究中心（JRC）等组织的研究成果进行深入调研，整理并编写了核电厂燃料破损的典型案例，对全球核电机组燃料破损的整体情况、失效机理与原因等进行了研究分析，以期为我国核电厂燃料破损问题的应对处置提供参考。

本书共 7 章。第 1 章由王冠一、杨未东编写；第 2 章由许友龙、郑丽馨编写；第 3 章由邹象、郑丽馨、许友龙、杨未东、付浩编写；第 4 章由杨未东、郑丽馨编写；第 5 章由杨未东、郑丽馨编写；第 6 章由郑丽馨、杨未东编写；第 7 章由许友龙、王冠一编写。全书由杨未东、郑丽馨进行统稿，由李娟进行校核，严天文、柴国旱、殷德健对全书进行了审核把关。

本书在编写过程中得到了生态环境部（国家核安全局）的大力支持。同时，对中核集团、中国华能集团、国家电投集团、中广核集团等相关单位的支持，以及陶书生、王崇翔等人的辛勤付出表示衷心感谢！

本书在撰写过程中对国外核电厂燃料组件相关事件及经验反馈等内容开展了广泛、深入的调研，虽竭尽所能，但毕竟学识水平有限，书中难免存在疏漏或不妥之处，恳切希望关注核安全的社会各界人士、专家、学者以及对本书感兴趣的广大读者不吝赐教、批评指正。

编写组

2024 年 8 月

目　录
CONTENTS

第1章 燃料组件

核安全是核电发展的基础，燃料组件作为反应堆的核心部件，其安全性和可靠性对保障核安全至关重要。

燃料组件应能在堆芯长期稳定且高效地工作，它不仅需要将核燃料和裂变产物密封在包壳内不使放射性物质外泄，还要在高温环境下有效地导出热量。此外，燃料组件还应在堆芯装卸过程中确保便捷与安全，具有小的中子吸收截面，以及较低的加工成本和后处理成本。因此，燃料组件与安全有关的功能主要有两点：第一，在反应堆运行期间，燃料棒束（包括燃料棒和导向管）的栅格排列和燃料组件的外形尺寸，应满足物理和热工性能的要求，符合装/换料操作的规范，并确保在任何工况下，包括发生设计基准事故，控制棒能够顺利插入；第二，定位格架对于燃料棒应具备合适的夹持性能，既要允许燃料棒轴向伸长和径向膨胀，又要避免与格架之间发生可能导致燃料棒损坏的磨蚀。

1.1　燃料组件的类型和结构

自 1942 年美国成功建成首座反应堆以来，核反应堆技术在全球范围内迅速发展，不同类型的反应堆被设计与建造。反应堆类型不同，所使用燃料的几何形状、材料等均有所不同。目前，在核电厂，除少数特殊堆型采用堆芯均匀装载核燃料外，大多数核反应堆的堆芯都采用固体核燃料非均匀装载方式。下面对几种不同堆型的燃料组件做简要介绍。

1.1.1　压水堆燃料组件

压水堆燃料元件通常是将固体核燃料芯块（UO_2）装入包壳内并封死，形成带包壳且可更换的单元体。然后，多个燃料元件通过机械连接方式组合成一个可同时更换的整体，通称为燃料组件。

压水堆核电厂所采用的燃料组件一般由燃料棒、定位格架、组件骨架等零部件组装而成。整个组件在高度方向上设有多层定位格架，将燃料棒按一定间距定位并夹紧，同时允许燃料棒沿轴向自由伸缩。组件骨架由上、下管座和导向管构成。燃料棒定位于骨架内，一般按 $N×N$ 排成栅格。每个组件中燃料元件的排列数目以前多采用 14×14 的方式，为了降低燃料元件的线功率密度，逐步发展为采用 16×16 或 17×17 的排列。预留部分栅格位置用于安装控制棒导向管和中子测量导向管。上、下管座均设有定位孔，燃料组件装入堆芯后，依靠这些定位孔与堆芯上、下栅板上的定位销相配合进行定位。上管座上装有压紧弹簧，可防止组件在高速流动的冷却水中窜动，同时可以补偿各种结构材料的热膨胀以及外部载荷对组件的冲击。燃料组件和燃料棒的结构如图 1-1 所示。

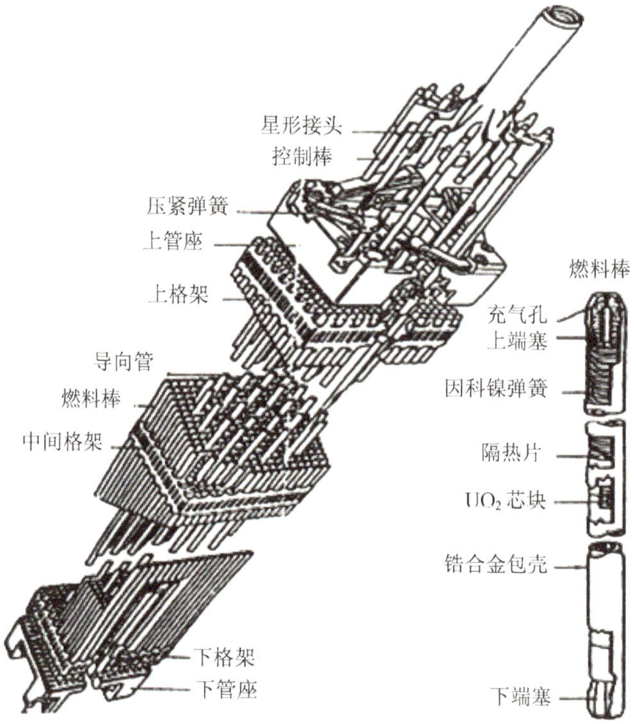

图 1-1 压水堆燃料组件和燃料棒的结构

1.1.2 沸水堆燃料组件

沸水堆的燃料元件与压水堆的类似，同样使用低富集度铀作为燃料，燃料形态均为二氧化铀陶瓷芯块，外包锆合金包壳。燃料组件由燃料棒束和元件盒构成。

燃料棒束由上、下管座，定位格架和按一定形式排列的燃料棒组成。与压水堆相比，每个燃料组件所包含的燃料元件数量较少，第一代燃料元件的排列为 6×6，第二代变为 7×7 排列，逐步发展到 8×8 排列结构。

定位格架沿燃料棒轴向以一定跨度均匀布置。定位格架由锆合金条带和因科镍弹簧制成，与燃料组件中的一根燃料棒机械锁紧连接，以固定其轴向位置。定位格架的每个栅元借助适当的弹簧力夹持燃料棒，从而保证燃料棒之间的设计间距，并将燃料棒的流致振动及其造成的燃料棒包壳微振磨蚀限制在可接受的范围内。同时，在加速度载荷通过燃料棒传递到元件盒的过程中，定位格架也发挥作用。由于沸水堆堆芯内存在大量气泡，导致中子慢化长度增加，所以沸水堆燃料元件的栅距较压水堆的要大。此外，还设有进口节流孔座，用于调节每个燃料组件中的冷却剂流量。

元件盒是燃料组件的主要结构部件，保护燃料棒束，并为燃料组件提供必要的结构强度和刚度。在沸水堆中，每个燃料组件装在一个元件盒内。元件盒上方两对角各焊接有一块三角形薄板，使其稳坐在燃料棒束上管座的连接孔板上，元件盒的重量由连接孔板承受并传递到支撑燃料组件的堆芯下板上。元件盒之间的十字形通道为控制棒提供上下运动的通路和导向。控制棒组件呈十字形，具有不锈钢外壳。控制棒组件的上部铸件装有提取柄，下部铸件装有速度限制器。

1.1.3　重水堆燃料组件

CANDU 堆是由加拿大开发的压力管型重水堆。下面以 CANDU 堆为例进行介绍。CANDU 堆使用天然铀作为燃料，燃料芯块与压水堆的类似，是由烧结的二氧化铀（UO_2）制成的短圆柱形陶瓷块。这些芯块放在外径十几毫米、长约 500 mm 的锆合金包壳管内，形成棒状元件。每根燃料棒中装有约 30 个涂有石墨涂层的芯块，以减少包壳与芯块之间的相互作用。两个端板通过焊接固定在燃料棒的两端，将 28 根或 37 根燃料棒组合成一个整体的棒束结构。在每根燃料棒的中部焊有定位垫，以保持所需要的棒间距。在棒束外圈的每根燃料棒靠近两头及中部焊上支撑垫，以保证棒束与压力管之间的间隙。

燃料通道组件由一根压力管和两个端部件组件构成。压力管容纳燃料和重水冷却剂，并定位在排管容器的管道内。压力管由锆-2.5 铌合金制成，具有低中子吸收截面和高强度，并有良好的抗腐蚀和抗辐照性能。压力管的壁厚考虑了腐蚀和允许的磨损量，以满足应力要求的最低标准。由于压力管处于高温、高压和高辐照的工作环境中，其设计寿命为 25 年。

端部件组件属于压力管在堆芯外的延伸部分，两端延伸到端屏蔽外。压力管的两端通过机械胀管连接到端部件上，每个端部件内有一个衬管，热传输系统的冷却剂通过供水管进入端部件，流经衬管与端部件之间的环形区域，绕着衬管流动，再通过衬管端部的孔进入压力管。端部件本体材料为改进型 403 不锈钢，衬管材料为无缝 410 不锈钢。

每个端部件的衬管内装有一个屏蔽塞，在换料时屏蔽塞可卸下并储存在换料机的料斗中；换料完成后，重新装入屏蔽塞，以提供通道要求的屏蔽并用于燃料束的定位。每个端部件的外侧端在装/换料时与换料机的机头连接，在功率运行期间，可进行燃料的插入或卸出。换料时，换料机将燃料通道密封塞拆除并储存。在换料机离开燃料通道之前，将密封塞重新安装在端部件上。

端部件的侧向管嘴与反应堆进口集管之间以及出口端的侧向管嘴与堆出口集管之间连接的供水管，均为热传输系统的一部分。每个供水管通过法兰与端部件连接。

焊接在端屏蔽栅格管处的波纹管用于密封燃料通道与排管之间形成的环形间隙，并具有挠性，以适应热膨胀和蠕变变形引起的移动。

燃料通道两端均装有定位组件，燃料通道组件通过这些定位组件固定在一端的端屏蔽管板上，而另一端则是自由的，允许通道的热膨胀和蠕变移动。这种布置可以调整两端轴承以适应压力管的轴向蠕变伸长。根据计算及运行经验，在 12.5 个满功率运行年后，定位组件需要进行重新调整，即将原来固定的一端松开，变成自由端，而原自由端的定位组件则将燃料通道固定在另一端的端屏蔽管板上。

1.1.4 VVER 燃料组件

俄罗斯设计的 VVER-1000/428 型反应堆采用的是带有锆铌合金导向管和定位格架的燃料组件（TVS-2M）。定位格架的栅元由壁厚为 0.3 mm 的薄壁管冲压而成，呈六边形。

TVS-2M 燃料组件（图 1-2）由顶部接管、安装在骨架内的燃料棒和钆燃料棒束、尾端件组成。

TVS-2M 顶部接管（图 1-3）包括：上部（圆柱形）壳体、支撑板、弹簧装置、下部壳体、ICID 导向管、顶部接管组件与整体结构的连接部件。

VVER-1000/428 型反应堆堆芯由 163 组正六角形燃料组件构成，每组组件由 312 根燃料棒/钆燃料棒组装而成。燃料棒/钆燃料棒的结构由上端塞、包壳、下端塞、燃料芯块和制动件组成。燃料棒/钆燃料棒是一条外径为 9.1×10^{-3} m、两端装有锆合金制成的端件、装入芯块的管子。对于燃料棒，芯块由 UO_2 制成；对于钆燃料棒，芯块由 UO_2 加上 5%质量浓度的氧化钆混合制成。

TVS-2M 燃料组件的尾端件长度为 142 mm，作为支撑结构的一个主体，带有外壳和加强筋系统。带有燃料棒和钆燃料棒束的尾端件通过六个角形构件焊接在棒束下栅板和尾端件本体的六边形壳体表面上。

图 1-2 TVS-2M 燃料组件

图 1-3 TVS-2M 顶部接管

1.2 燃料组件发展综述

根据IAEA 2010年进行的燃料组件故障审查和2015年的调查问卷，2006年和2015年全球运行核电厂燃料组件类型如表1-1所示。

表 1-1 2006 年和 2015 年全球运行核电厂燃料组件类型

反应堆	燃料棒	2006 年	2015 年	说明（2015 年数据）
BWR				
	7 × 7	2	2	
	8 × 8	5	0	
	9 × 9	33	0	
	10 × 10	53	50	
合计		93	52[a]	

反应堆	燃料棒	2006 年	2015 年	说明（2015 年数据）
PWR				
	14 × 14	24	15	美国西屋电气公司（以下简称西屋公司）和 CE 核电厂
	15 × 15	26	20	
	16 × 16	28	24	
	17 × 17	133	142	
	18 × 18	3	2	西门子（KWU）核电厂
合计		214	203[b]	
VVER				
	126 六角形	27	23	VVER-440
	312 六角形	27	33	VVER-1000
合计		54	56	
CANDU 和其他 PHWR				
	19	13	17	印度 16 个，巴基斯坦 1 个
	28	6	6	加拿大 Pickering 核电厂 6 个
	37	22	26	阿根廷 3 个、加拿大 13 个、中国 2 个、印度 2 个、韩国 4 个、罗马尼亚 2 个
合计		41	49	
总计		402	360[c]	

注：a. 日本 22 台机组未统计在内；b. 日本 21 台机组未统计在内；c. 日本 43 台机组未统计在内。

2015 年，除日本和印度的沸水堆（BWR）外，所有沸水堆的燃料棒都采用了 10×10 的布置方式。多年来，从 7×7 燃料组件设计转变为 10×10 燃料组件设计，使得燃料棒的线性释热率降低，同时燃料组件的温度、裂变气体释放量和包壳腐蚀率也有所减少。

在 2015 年运行的压水堆（PWR）中，70%的燃料组件采用了 17×17 的燃料棒布置方式。VVER 型反应堆的燃料组件类型有两种：一种是含有 126 根燃料棒的 VVER-440 型，另一种是含有 312 根燃料棒的 VVER-1000 型，均为六边形燃料组件。在 CANDU 型反应堆中，37 根棒束被用于 26 个机组，而 28 根棒束仅用于 Pickering 核电厂的 6 个机组。17 个 PHWR（印度有 16 个单元，巴基斯坦有 1 个单元）使用的是 19 根棒束。阿根廷的 2 台西门子 KWU 机组则使用的是 37 根棒束。

从平均燃耗和燃料富集度来看，轻水堆燃料的平均燃耗从1970年的18～23 GWd/tU稳步增加到2005年的40～42 GWd/tU，燃料富集度则保持在3.8%～4.2%。

从燃料循环周期来看，2006年、2010年和2015年，美国压水堆的平均周期长度分别为16.9个月、17.7个月和17.5个月。相应地，沸水堆的周期长度分别为19.3个月、20.4个月和21.5个月。尽管美国大多数沸水堆以24个月的周期运行，但仍有少数沸水堆以18个月的周期运行。这些数据表明，美国反应堆的循环长度呈稳定增加趋势。对于法国的反应堆，燃料循环长度对应不同堆型分别为12个月和18个月。韩国和西班牙的压水堆采用18个月的燃料循环周期，沸水堆采用24个月的周期。至于VVER-1000型反应堆，俄罗斯的机组运行周期为18个月，而乌克兰的机组运行周期为12个月。

1.3 燃料组件设计改进概述

世界核电主要国家除了不断优化整个核电厂安全系统的设计，也从加强核燃料本身的安全特性出发，不断探索和研究各种新设计、新材料、新工艺。经过多年的努力，核燃料组件技术得到了很大的发展。

1.3.1 压水堆

历史运行经验表明，燃料棒振动和格架-燃料棒微振磨蚀是燃料组件主要失效机理之一。流致振动可能是由格架和流道等设备的设计特性造成的。近些年来，针对压水堆燃料失效机理做了许多改进。通过重新设计搅混片，增加了燃料组件某些区域的湍流，有效减少了振动；对格架设计的更改改善了导致燃料棒振动的局部流动条件，减少了格架-燃料棒的微振；通过增加格架与燃料棒的接触面积，增加了磨蚀的裕量，测验证实，在这种情况下，燃料棒的磨损量显著减少。近年来的运行经验表明了设计变更的有效性，将这种故障机理减少到几乎为零。

为了减少异物磨蚀的发生，进行了防异物设计变更，将防异物滤板安装在下管座上，以在异物进入燃料棒区域之前捕获。此外，增加了保护格架，如Guardian设计的保护格架，可捕获93%的异物，以增强燃料组件的异物过滤能力。西屋公司研发了标准化的异物过滤器下管座，以及位于标准化异物过滤器下管座上方的保护格架，该格架提供了额外的防异物屏障，从而提高了燃料的可靠性。此外，设计了氧化涂层用于异物防护，提高其耐磨损性能，也减少了微振磨损。

法国对装载 4.3 m 燃料组件、燃料循环长度为 18 个月或更长的压水堆，实施了燃料组件设计变更。随着开始使用四元合金体系（Zr+Nb+Sn+Fe）材料的燃料组件格架，蠕变行为得到有效改善。此外，通过增加导向管厚度的方法解决了燃料组件刚度不足的问题。

当前压水堆主要使用 UO_2 燃料芯块和锆合金包壳，虽然运行性能良好，但在超设计基准的严重事故下面临挑战。在此条件下，冷却剂长时间丧失导致燃料处于高温状态，燃料包壳性能下降，释放裂变产物。锆合金在高温下会与水、蒸汽反应产生氢气，存在爆炸风险。美国针对轻水堆燃料和包壳，优先考虑在事故情况下提高安全性的要求，提出了新型事故容错燃料（ATF）。与传统核燃料相比，ATF 采用了二硅化三铀芯块和带铬涂层包壳的新型设计，在设计上能够承受更长时间的堆芯失冷，为操作员提供更多的响应时间，显著提高了正常运行条件下和严重事故情况下的反应堆安全性。这可以降低燃料破损概率，延长燃料运行时间，提高燃料经济性。此外，因具备更高浓缩比和更高燃耗，计划将许多压水堆的换料周期从 18 个月延长到 24 个月。

1.3.2 沸水堆

与压水堆中观察到的情况类似，在过去十年中，沸水堆中与异物相关的燃料组件破损率略有增加。通过持续改进燃料芯块和包壳材料，有效减少了芯块-包壳相互作用（PCI 效应）。到 2004 年前后，燃料组件破损的唯一持续出现的失效机理是异物磨蚀。一些公司根据燃料组件的设计特点制订并实施了异物排除方案。例如，下连接板“Defender”的开发和实施减小了可能进入燃料棒束的异物尺寸，从而将 GNF 制造的燃料组件的故障率降低至原来的 1/5。阿海珐的 FuelGuard 技术已被开发出来，用于进一步增强异物过滤能力。

1.3.3 VVER

VVER-440 和 VVER-1000 系列均设计为使用六角形燃料组件结构，两种类型都使用直径为 9.1 mm 的锆铌合金燃料棒。近些年来，这两种反应堆型开始使用具有更高抗辐照、抗蠕变和抗腐蚀性的 E635 合金材料导向管，以及使用 E110 合金燃料棒包壳和栅格。VVER-440 研发了富集度更高的第二代燃料组件。VVER-1000 燃料组件引入了两种不同的设计方案：TVSA 组件，其外部设置了一个保护格架，以提高结构刚度；TVS-2 组件，使用了增厚设计的导向管（图 1-4）。这两种设计均考虑了异物过滤装置和可拆卸顶部喷嘴等因素。TVSA 和 TVS-2 持续进行设计改进，如 TVS-ALFA、TVSA-PLUS、TVSA-12 和 TVS-2M 等。

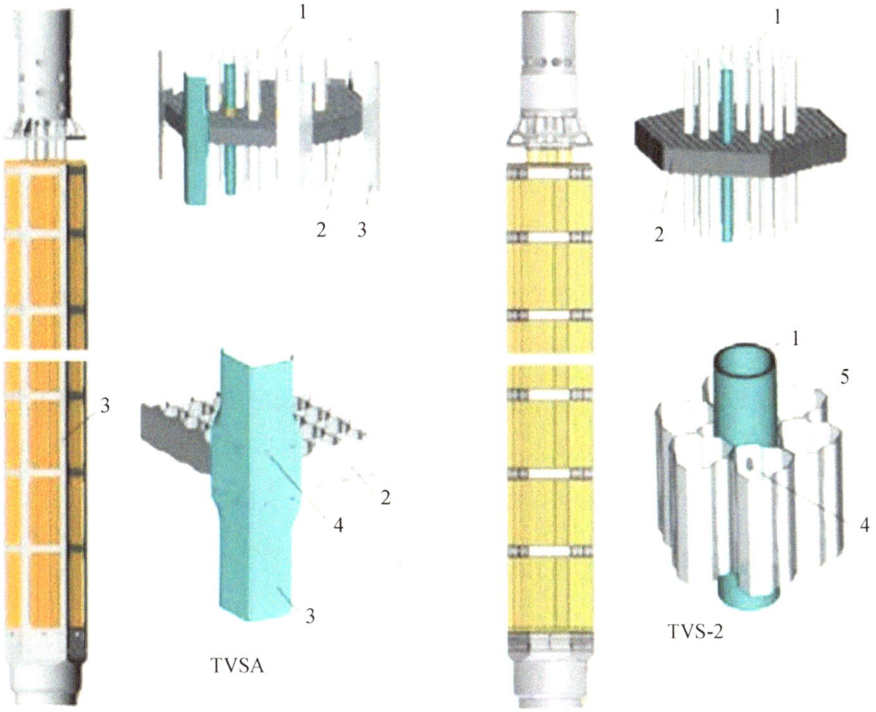

1—导向管；2—格架；3—角；4—电阻点焊；5—间隔栅元

图 1-4　VVER-1000 TVSA（左）和 TVS-2（右）燃料组件

1.3.4　重水堆

加拿大 CANDU 反应堆的燃料失效水平保持在恒定的低值，其主要失效机理是异物磨蚀和制造缺陷。

早期 CANDU 型重水堆在水平燃料通道中使用了相对较短的燃料束（长 50 cm），包括含有 28 个燃料元件（直径 15 mm）和 37 个燃料元件两种管束类型。其中，37 个燃料元件型管束有两种版本，它们的端盖轮廓和轴承垫位置略有不同，以适应不同的燃料装卸系统和通道配置。

后期研发了 37R-长型和 37M 型管束。37R-长型管束可以有效解决燃料通道蠕变问题。与常规 R 型管束相比，改进 37M 型管束中心元件的尺寸略小于其他元件，用于提高管束的临界热通量和安全特性。这些不同类型的燃料组件近些年来在一些反应堆内开始逐步应用。

加拿大的 Bruce 和 Darlington 反应堆采用了“逆流换料”，即换料方向与冷却剂在通道内的流动方向相反，而其他核电站则采用了“顺流换料”。1993 年，Bruce 反应堆的安全分析发现，假设发生入口集管破裂事故，如果低燃耗燃料向堆芯中心移动，逆流会导致反应性突然增加（这在使用顺流燃料的 CANDU 反应堆中不会发生）。核电厂决定改变换料方向，并使用长燃料元件束以解决间隙问题。2002 年，在完成以上变更后，观察到冷却剂 γ 放射性水平增加，Bruce 核电厂的四台机组都出现了比正常数量更高的燃料故障。检查发现，这是由于碎片磨蚀对轴瓦造成了机械损伤。产生异物的原因与燃料管束传输方向有关，2005 年传输方向的变化大幅降低了燃料损坏的发生率。

在异物磨蚀方面，尽管它仍然是加拿大 CANDU 反应堆燃料组件故障的主要原因，但由于故障率普遍较低，加拿大没有开展针对燃料组件防异物的相关设计变更。

第2章 燃料破损数据统计分析

IAEA 和 JRC 针对燃料破损主题发布了技术报告，对一个时期内国际上燃料破损事件发生的主要原因和改进措施进行了总结分析。

2.1　燃料破损统计和评价

自 1970 年以来，IAEA 燃料性能和技术工作组一直致力于对全球水冷反应堆燃料破损事件进行分析。2019 年，IAEA 发布专题报告《水冷堆燃料破损评述（2006—2015）》，对 2006—2015 年运行的全球约 95%的水冷动力反应堆的燃料破损进行了统计。

2.1.1　燃料破损率

计算燃料破损率的一个特征值是卸载批次中破损燃料组件的数量，这通常通过啜吸技术确定。燃料组件破损率定义为每个特定年份和每个特定机组每 1 000 个卸载燃料组件中发生破损的燃料组件数量。另一个特征值是燃料棒破损率，通过计算破损的燃料棒数量与卸载燃料组件中燃料棒总数的比率来确定，也适用于每个特定年份和每个特定机组。

燃料棒破损率的计算公式如下：

$$R = r \times D/N \tag{2-1}$$

式中：R—— 年度燃料棒破损率（破损棒数/堆芯内的棒数）；

N—— 相应年份内，所有运行中的反应堆在换料或不换料情况下的堆芯棒数；

D—— 当年发现并从所有运行的反应堆中卸出的破损组件的数量；

r—— 每个破损组件的平均破损棒数。对于沸水堆、VVER-440 和 CANDU，r 值为 1.1；对于 PWR 和 VVER-1000 燃料，r 值为 1.6。

r 值是根据美国的 LWR 经验选择的。数年（和/或地区）的平均破损棒率是通过分别对 D 和 N 的年度（和/或地区）值求和来计算的，而不是通过对年度（和/或地区）R 值求平均来计算的。

为了确定破损率，通常是通过啜吸技术获取破损燃料组件数量，并结合燃料检查结果，进一步检测燃料组件中破损燃料棒的数量。超声检测可以提供许多破损燃料棒的信息，而无须拆卸燃料组件，但使用频率较低。一旦在乏燃料池中的燃料组件内识别出破损燃料棒，对有缺陷燃料棒进行辐照检查是确定故障机理的一种更直接的方法，但其成本更高，可用性也有限。因此，破损燃料组件的数量更为准确，而破损燃料棒的确切数量并不总是已知的。

2.1.2 压水堆燃料破损情况

2006—2015 年，全球压水堆燃料组件的平均破损率为 7.1‰，约为 1994—2006 年（13.8‰）的一半；2006—2015 年全球压水堆燃料棒的平均破损率为 36.7×10^{-6}，数值不到 1994—2006 年（86.8×10^{-6}）的一半（表 2-1）。总体来看，全球压水堆燃料组件和燃料棒的平均破损率随着年份的增加呈明显的下降趋势。

表 2-1 压水堆燃料组件和燃料棒的平均破损率（1994—2006 年和 2006—2015 年）

地区	1994—2006 年燃料组件平均破损率/‰	2006—2015 年燃料组件平均破损率/‰	1994—2006 年燃料棒平均破损率/10^{-6}	2006—2015 年燃料棒平均破损率/10^{-6}
世界	13.8	7.1	86.8	36.7
美国	20.9	9.5	131.6	49.1
法国	8.8	6.7	56.9	31.3
欧洲其他地区	16.0	6.5	108.1	34.7
韩国	10.6	3.1	40.5	16.5
日本（2006—2010 年）	0.5	1.7	3.7	10.3

为了进一步观察压水堆燃料棒破损率的长期趋势，我们将 1987—2015 年的世界平均数据按照每 4 年为 1 个周期进行统计（图 2-1）。图 2-1 清楚地显示了 1987—2015 年压水堆燃料棒破损率的下降趋势。

从破损机理来看，1987—2015 年，导致燃料棒破损最常见的机理是定位格架与燃料棒之间的微振磨蚀以及异物磨蚀，制造缺陷也占有一定比例。其他机理占比相对较低，通常在某一特定时期或特定国家少量出现（表 2-2）。在 21 世纪初，格架微振磨蚀约占 88%，造成格架磨蚀的根本原因包括流体弹性不稳定/横向流引起的燃料棒振动、流体引起的燃料组件及燃料棒振动、吊装过程中栅元损伤和格栅弹簧断裂等。

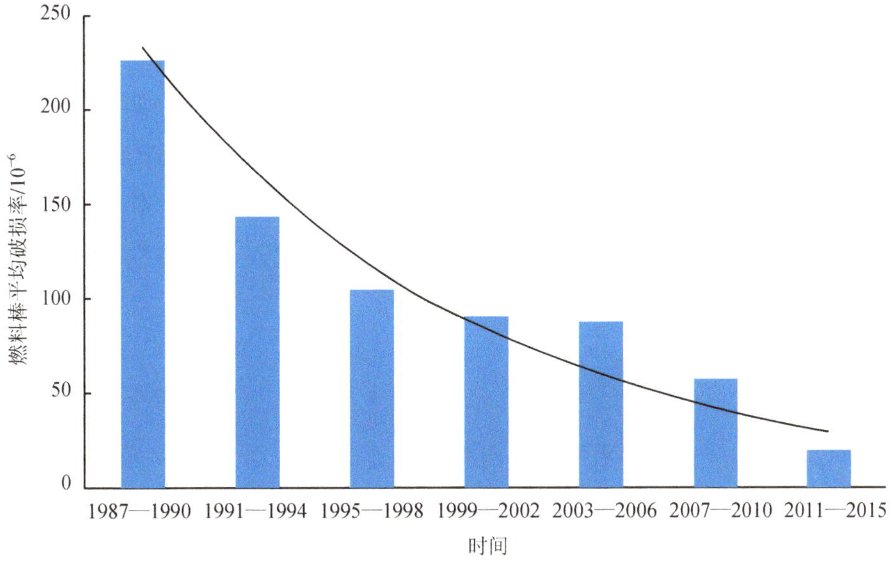

图 2-1　1987—2015 年，按 4 年为 1 个周期统计的世界压水堆平均燃料棒破损率

表 2-2　全球压水堆燃料破损原因占比统计（1987—2015 年）

破损原因	燃料破损原因占比/%						
	1987—1990 年	1991—1994 年	1995—1998 年	1999—2002 年	2003—2006 年	2007—2010 年	2011—2015 年
格架磨蚀	16.6	42.7	73.0	87.6	78.0	58.4	57.9
异物磨蚀	55.6	46.7	14.5	7.1	13.9	19.5	33.7
制造缺陷	20.8	6.7	9.5	3.4	7.2	16.4	8.4
腐蚀/积垢	0	0	2.2	1.5	0	0	0
PCI/SCC	0	0	0	0	0.9	5.7	0
吊装损伤	2.8	3.8	0.8	0.4	0	0	0
围板射流	4.2	0	0	0	0	0	0
未知	50.0	48.0	26.7	14.6	33.2	28.4	40.2

注：SCC 表示应力腐蚀开裂。

异物磨蚀在 20 世纪 80 年代末和 90 年代初较为常见，占 50%左右，但在 20 世纪 90 年代中期大幅下降至约 15%，2011—2015 年再次增长至约 34%。异物造成的破损事件减少，原因多种多样，主要是改进了燃料组件部件设计和材料，例如，改进了定位格架的设计，也可能与提高一回路冷却剂系统的清洁度以及选择更有效的燃料组件碎片过滤器有关。造成异物磨蚀的根本原因包括回路中的异物、包壳碎片、围板螺栓断裂等。

此外，尽管我们对燃料破损的普遍机理有了一定的了解，但准确判断燃料破损原因仍然是非常困难的。

2.1.3 沸水堆燃料破损情况

2006—2015 年，全球沸水堆燃料组件的平均破损率为 2.4‰，数值约为 1994—2006 年（4.4‰）的一半；2006—2015 年，全球沸水堆燃料棒的平均破损率为 32.1×10^{-6}，数值约为 1994—2006（64.7×10^{-6}）年的一半（表 2-3）。总体来看，全球沸水堆燃料组件和燃料棒的平均破损率随年份的增加呈明显的下降趋势，表明沸水堆燃料性能得到了显著改善。

表 2-3 沸水堆燃料组件和燃料棒平均破损率（1994—2006 年和 2006—2015 年）

地区	1994—2006 年燃料组件平均破损率/‰	2006—2015 年燃料组件平均破损率/‰	1994—2006 年燃料棒平均破损率/10^{-6}	2006—2015 年燃料棒平均破损率/10^{-6}
世界	4.4	2.4	64.7	32.1
美国	5.4	1.5	78.9	20.0
欧洲	6.8	6.4	101.4	83.5

为了进一步观察沸水堆燃料棒破损率的长期趋势，我们将 1987—2015 年的世界平均数据按照每 4 年为 1 个周期进行统计（图 2-2）。图 2-2 清楚地显示了 1987—2015 年沸水堆燃料棒平均破损率的下降趋势。

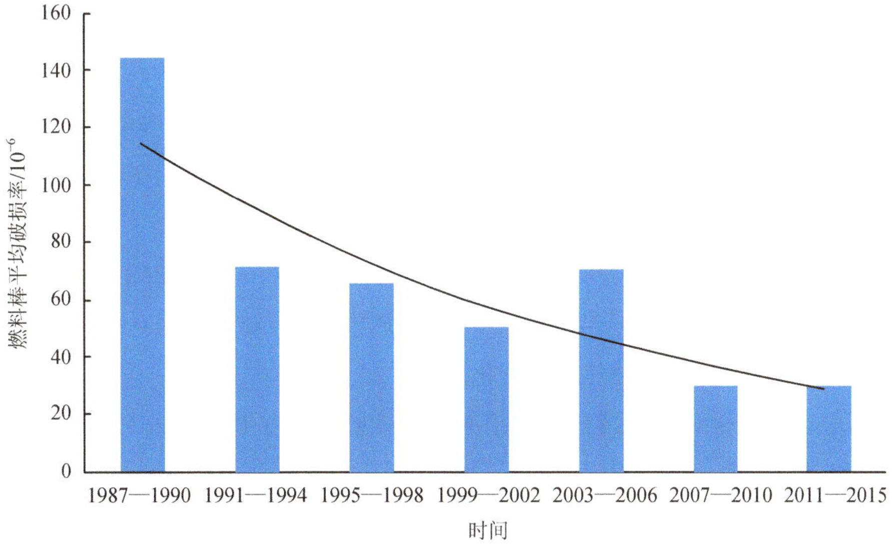

图 2-2　1987—2015 年，按 4 年为 1 个周期的世界沸水堆燃料棒平均破损率

从破损机理来看，2006—2015 年，导致燃料棒破损最常见的机理仍然是异物磨蚀、腐蚀/积垢和芯块-包壳相互作用（PCI）（表 2-4）。

表 2-4　全球沸水堆燃料破损原因占比统计（1987—2015 年）

破损原因	燃料破损原因占比/%						
	1987—1990 年	1991—1994 年	1995—1998 年	1999—2002 年	2003—2006 年	2007—2010 年	2011—2015 年
异物磨蚀	17.5	50.5	39.6	53.4	32.2	58.6	66.0
腐蚀/积垢	42.3	4.4	46.8	23.1	52.9	3.9	13.2
PCI/SCC	27.7	34.1	9.9	11.5	14.2	36.2	18.9
制造缺陷	10.1	11.0	3.7	11.5	0.7	1.3	1.9
吊装损伤	2.4	0	0	0	0	0	0
未知	1.62	32.5	24.0	27.8	13.6	29.2	26.4

2.1.4 VVER 燃料破损情况

2006—2015 年，全球 VVER-1000 的燃料组件平均破损率为 21.5‰，与 1994—2006 年（32.1‰）相比显著降低。2006—2015 年，VVER-440/213 的燃料组件平均破损率为 5.3‰，与 1994—2006 年（4.7‰）相比略有增加。

2006—2015 年，全球 VVER-1000 的燃料棒平均破损率为 0.069 7‰，数值约为 1994—2006 年（0.134‰）的一半，VVER-440 的燃料棒平均破损率为 0.037 1‰，数值与 1994—2006 年（0.034 5‰）相比略有变化。

为了进一步观察 VVER 燃料棒破损率的长期趋势，将 1987—2015 年的世界平均数据按照每 4 年为 1 个周期进行统计（图 2-3）。VVER 燃料棒破损率曲线显示，相较于 1994—2006 年，2006—2015 年 VVER 燃料棒破损率呈下降趋势。例外的是 2001 年有所增加，这是由于 Balakovo 1 号机组、Balakovo 2 号机组和 Rovno 3 号机组 VVER-1000DE 燃料棒故障的影响。

VVER 堆燃料的主要失效机理为异物磨蚀。

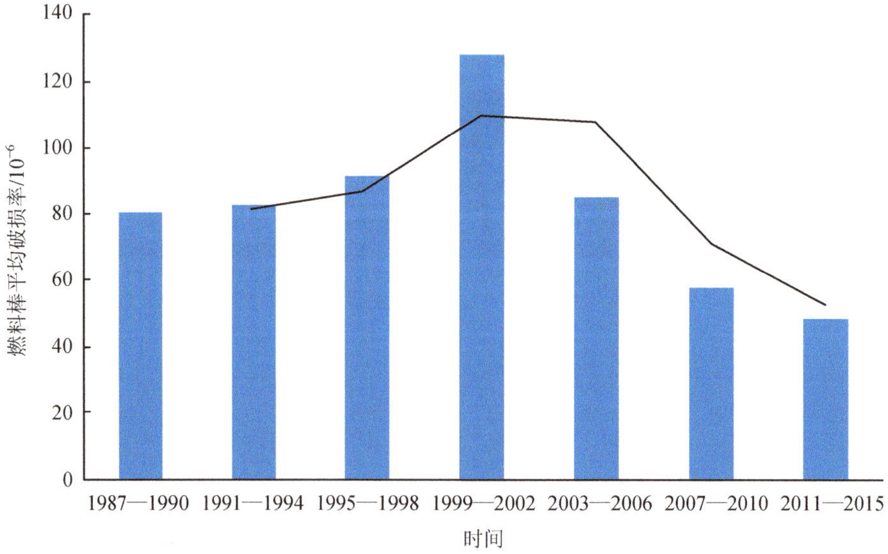

图 2-3　1987—2015 年，按 4 年为 1 个周期统计的世界 VVER 燃料棒平均破损率

2.1.5　重水堆燃料破损统计

2006—2015 年，全球 CANDU 型重水堆燃料平均破损率为 0.116‰，这个数值不到 1994—2006 年（0.35‰）的一半。1994—2006 年，CANDU 堆的燃料平均破损率相对稳定，处于较低水平，但也有例外情况，如 1996 年 Wolsong 1 号机组因 CANLUB 石墨涂层烘烤不足导致 96 个燃料棒破损，以及 2008 年 Cernavoda 2 号机组因制造缺陷和异物磨蚀导致 52 个燃料棒破损。

CANDU 堆燃料的主要失效机理为异物磨蚀和端部焊接不完整。

2.1.6　单台机组大规模燃料组件故障和重大燃料故障统计

IAEA 将水冷反应堆大规模燃料组件故障定义为在一个周期（LWR）或一年（CANDU、PHWR）内燃料组件故障个数≥10 的事件。燃料组件故障数<10，但达到或超过 5 的事件被定义为重大燃料故障事件。

1987—1994 年，大规模燃料组件故障共计 20 起（10 起 PWR、5 起 BWR、1 起 VVER 和 4 起 CANDU）；1994—2006 年，大规模燃料组件故障共计 17 起（10 起 PWR、2 起 BWR、4 起 VVER-1000 和 1 起 CANDU）；2006—2015 年，大规模燃料组件故障共计 5 起（表 2-5）。总体看来，全球核电厂燃料组件大规模故障呈明显下降趋势。

表 2-5　大规模燃料组件故障事件（2006—2015 年）

年份	反应堆	故障燃料组件的数量/个	主要失效机理
2006	捷克 Temelin 2 号机组 VVER-1000	10	制造缺陷
2006	美国 PWR	未注明	定位格架与燃料棒的微振磨蚀
2008	罗马尼亚 Cernavoda 2 号机组 CANDU	52（80 FR）	制造缺陷和异物磨蚀
2011	俄罗斯加里宁 3 号机组 VVER-1000	14	异物磨蚀
2011	乌克兰南乌克兰 1 号机组 VVER-1000	10	未知

注：（1）2011 年以后无数据。（2）FR 表示燃料棒。（3）大规模燃料组件故障定义为涉及≥10 个故障的燃料组件。

2006—2015 年，31 起事件被认定为燃料组件重大故障（表 2-6）。从破损机理来看，2006—2015 年，导致燃料组件重大故障的主要机理是定位格架与燃料棒的微振磨蚀、制造缺陷和异物磨蚀。

表 2-6 燃料组件重大故障事件（2006—2015 年）

年份	反应堆	故障燃料组件的数量/个	主要失效机理
2006	VVER-1000，Temelin 1 号机组，捷克	6	制造缺陷
2006	PWR，Tihange 3 号机组，比利时	5	端塞缺陷
2007	PWR，法国	6	制造缺陷
2007	PWR，Angra 1 号机组，巴西	5	异物磨蚀
2007	VVER-1000，Temelin 2 号机组，捷克	5	制造缺陷
2007	CANDU，Cernavoda 2 号机组，罗马尼亚	9	制造缺陷，异物磨蚀
2008	PWR，法国	8	制造缺陷
2008	VVER-1000，Temelin 1 号机组，捷克	7	制造缺陷
2008	VVER-1000，Temelin 2 号机组，捷克	7	制造缺陷
2009	PWR 16×16，德国	5	定位格架与燃料棒的微振磨蚀影响 2 个燃料组件，异物磨蚀影响 1 个燃料组件，定位格架磨蚀影响 2 个燃料组件
2009	VVER-1000，Temelin 2 号机组，捷克	5	制造缺陷
2009	CANDU，Embalse，阿根廷	8	未知
2009	CANDU，Cernavoda 1 号机组，罗马尼亚	8	制造缺陷
2010	PWR 16×16，德国	7	定位格架与燃料棒的微振磨蚀影响 1 个燃料组件，异物磨蚀影响 1 个燃料组件，定位格架磨蚀影响 5 个燃料组件
2010	VVER-1000，Temelin 2 号机组，捷克	5	制造缺陷
2011	BWR，德国	9	PCI 影响 2 个燃料组件，腐蚀影响 7 个燃料组件
2011	VVER-1000，俄罗斯加里宁 1 号机组	5	异物磨蚀
2011	VVER-1000，乌克兰赫梅利尼茨基 2 号机组	5	异物磨蚀
2011	PWR，法国	7	定位格架与燃料棒的微振磨蚀
2011	PWR，法国	9	定位格架与燃料棒的微振磨蚀
2011	PWR，美国	7	定位格架与燃料棒的微振磨蚀
2012	PWR，美国	6	定位格架与燃料棒的微振磨蚀

年份	反应堆	故障燃料组件的数量/个	主要失效机理
2012	PWR 16×16，德国	6	定位格架磨蚀影响 5 个燃料组件，异物磨蚀影响 1 个燃料组件
2012	VVER-440/179，俄罗斯新沃罗涅日 3 号机组	7	未知
2012	VVER-1000，俄罗斯加里宁 1 号机组	6	异物磨蚀
2013	PHWR KWU，阿图查 1 号机组，阿根廷	5	未知
2013	VVER-1000，俄罗斯加里宁 3 号机组	7	异物磨蚀
2013	PWR，美国	7	定位格架与燃料棒的微振磨蚀
2015	PWR，美国	5	定位格架与燃料棒的微振磨蚀
2015	VVER-1000，Temelin 1 号机组，捷克	7	未知
2015	VVER-1000，Temelin 2 号机组，捷克	7	未知

注：燃料组件重大故障定义为涉及 5～9 个燃料组件故障的事件。

2.2　燃料破损事件统计分析

JRC 于 2023 年发布了专题报告《燃料相关事件专题研究》，该报告收集并分析了德国 GRS 的 VERA 数据库、法国 IRSN 的 PIREX 数据库、捷克的 DB 事件库以及 IAEA/IRS 数据库中的 231 起燃料相关事件（2009—2021 年）。这些事件被划分为三类：堆内燃料失效事件（占 38%）、燃料操作事件（占 39%）和燃料贮存期间事件（占 23%）。

按照失效机理进行分类统计，造成堆内燃料组件失效的主要原因包括芯块-包壳的相互作用、腐蚀、异物磨蚀、辐照生长、格架与燃料棒的振动磨蚀、制造缺陷等（表 2-7）。

表 2-7　堆内燃料破损失效机理占比统计（2009—2021 年）

燃料破损失效机理	事件数/起	占比/%
芯块-包壳的相互作用	40	46
腐蚀	13	15
异物磨蚀	8	9
计算、模拟、校准、仪器误差	8	9

燃料破损失效机理	事件数/起	占比/%
运行期间的尺寸变化（辐照生长、燃料棒/燃料通道弯曲/扭曲等）	6	7
格架与燃料棒的振动磨蚀	3	3
未知/未明确	3	3
围板射流	2	2
制造缺陷	2	2
功率振荡/不稳定性	1	1
冷却不足	1	1
总计事件数	87	

此外，JRC 对 IAEA-IRS 系统中筛选的事件进行了分析，发现造成堆内燃料组件破损事件的主要原因是腐蚀、不稳定性、围板射流、冷却不足等，各类事件的统计如表 2-8 所示。

表 2-8　IAEA-IRS 系统中各类燃料破损原因的事件统计　　单位：起

燃料破损原因	2009 年前	2009—2021 年
腐蚀	15	4
不稳定性	15	1
围板射流	13	2
冷却不足	13	1
异物磨蚀	8	2
氢化	8	—
计算错误	7	3
尺寸变化	7	3
其他（未知/未明确）	7	—
格架与燃料棒的微振磨蚀	6	—
制造缺陷	4	1
芯块-包壳相互作用	2	—
总计事件数	105	17

燃料操作事件按照主要原因进行分类统计，主要包括燃料操作（堆内）、燃料跌落、堆芯装载错误、其他燃料操作等，各类事件的占比如表 2-9 所示。

表 2-9　燃料操作事件统计（2009—2021 年）

燃料操作事件	事件数/起	占比/%
燃料操作事件（除燃料跌落和堆内事件外）	43	48
其他燃料操作事件	26	29
燃料跌落事件（堆外）	7	8
燃料操作事件（堆内）	7	8
堆芯装载错误	6	6
其他（未知/未明确）	1	1
总计事件数	90	

燃料贮存期间事件按照主要原因进行分类统计，主要包括丧失冷却、辐照影响、燃料完整性问题等，各类事件的占比如表 2-10 所示。

表 2-10　燃料贮存期间事件统计（2009—2021 年）

燃料贮存期间事件	事件数/起	占比/%
丧失冷却	30	55
辐照影响	15	28
实际的或潜在的燃料完整性问题	7	13
临界裕度降低	2	4
总计事件数	54	

对 231 起燃料相关事件（2009—2021 年）根据事件后果分类统计，结果显示近一半事件对安全运行无重要影响或不相关，20%的事件超出了技术规范的限制，19%的事件导致安全裕量降低，另有 6%的事件造成了人员或公众计划外或显著的辐射暴露。事件各类后果的占比如表 2-11 所示。

表 2-11　燃料破损事件后果占比统计（2009—2021 年）

燃料破损事件后果	事件数/起	占比/%
对安全运行无重要影响或不相关	114	49
超出技术规范的限制	47	20
安全裕量降低	44	19
人员或公众计划外或显著的辐射暴露	14	6
受控制的停堆	5	2
长时间停堆维修	5	2
降功率	1	0.4
电厂内放射性物质的意外或重大释放	1	0.4
总计事件数	231	

安全相关性与事件的条件堆芯损伤概率（CCDP）有关。

高安全相关性：CCDP$>10\times10^{-4}$；

中等安全意义：$10\times10^{-5}<$CCDP$<10\times10^{-4}$；

低安全意义：$10\times10^{-6}<$CCDP$<10\times10^{-5}$；

无安全意义：CCDP$<10\times10^{-6}$。

对 231 起燃料相关事件（2009—2021 年）根据安全相关性分类统计，94.4%的事件属于低安全相关性事件。事件安全相关性的统计占比如表 2-12 所示。

表 2-12　燃料破损事件安全相关性统计（2009—2021 年）

燃料破损事件安全相关性	事件数/起	占比/%
低	218	94.4
中	10	4.3
未知/未明确	2	0.9
高	1	0.4
总计事件数	231	

对 231 起燃料相关事件（2009—2021 年）根据根本原因分类统计，主要包括设计配置和分析、程序文件缺陷和工作组织等。事件根本原因的占比统计如表 2-13 所示。

表 2-13　燃料破损事件根本原因占比统计（2009—2021 年）

燃料破损事件根本原因	事件数/起	占比/%
设计、配置与分析	62	20
书面程序和文件	59	19
工作组织	37	12
个人工作实践	24	8
监督方法（如标准设置、强调安全的工作实践和质疑的态度、自检等）	22	7
培训/资质	22	6.9
安全文化	18	5.7
维修、试验和监督	11	3.5
使用运行经验	9	2.8
承包商工作的管理（如资质、培训、监督和指导等）	9	2.8
环境条件	6	1.9
外部异物控制	6	1.9
沟通或协调	5	1.6
设备老化	5	1.6
其他	4	1.3
设备（采购）规范、制造、贮存和安装	4	1.3
未知/未明确	3	0.9
人机界面	2	0.6
人因	2	0.6
员工培训和资质的管理	2	0.6
资源分配（例如，有关安全的规划和优先级等）	1	0.3
人员工作安排（包括工作量、提供的工作时间）	1	0.3
语言交流	1	0.3
突发事件的管理（例如，备用行动计划等）	1	0.3
决策过程	1	0.3
总计事件数（总共 231 起事件）	317	

对231起燃料相关事件（2009—2021年）根据纠正行动分类统计，主要包括改进程序修订流程、进行工作监督和评审，维修/替换，人员培训，运行模式、文件和程序的变更等。事件纠正行动的占比统计如表2-14所示。

表2-14 燃料破损事件纠正行动占比统计（2009—2021年）

燃料破损事件纠正行动	事件数/起	占比/%
改进程序修订流程、进行工作监督和评审	77	23
维修/替换	52	16
人员培训	39	12
运行模式、文件和程序的变更	37	11
分析	28	9
设计修改	27	8
回顾再次发生的可能性或跟进运行经验	22	6.7
其他试验（定期、鉴定等）	12	3.6
维修/监督项目的变更	12	3.6
加强安全要求	8	2.4
监督改进	7	2.1
未知/未确定	4	1.2
设置修改（仪表、电气部件等）	3	0.9
其他	1	0.3
总计事件数（总共231起事件）	329	

第3章 典型燃料相关事件

本书收集了 38 例国外典型的燃料相关事件，主要从事件描述、事件原因、纠正行动等三个方面进行分析总结，以期为我国核电厂燃料组件的破损机理研究、根本原因分析、纠正措施制定和事件处置提供技术参考。

3.1 燃料棒端塞脱落事件

3.1.1 美国 Brunswick Steam Electric Plant 2 号机组燃料棒下端塞脱落

事件描述：2018 年 1 月 10 日，美国 Brunswick 核电厂（BWR，General Electric Type 4）2 号机组在例行的蒸汽喷射式空气抽除器（Steam Jet Air Ejector）样本检测中发现 Xe-138/Xe-133 的比率超出程序诊断限值，这意味着存在燃料泄漏问题。在 2019 年 3 月机组换料大修期间，通过啜吸定位技术，确认首次入堆的 ATRIUM 10XM 棒束 B23399 为泄漏源。详细的目视检查发现，失效的燃料棒下端塞在压力电阻焊缝（USW）稍上方处与包壳分离，在第 9 跨距上发现一个小的氢化物水泡/凸起。由于下端塞脱落，无法将破损燃料棒拔出开展进一步检查。为达到最佳的目视检查效果，核电厂决定拆除破损燃料棒周围的其他燃料棒。对拆除的每根棒都进行了涡流检查，结果显示全部完好无损。

事件原因：经过原因分析，确定了三种可能的失效机理：内部污染导致的一次氢化（最可信）、碎屑磨蚀以及与 USW 接头有关的情况。

纠正行动：①针对一次氢化，评估了燃料供应商的失效模式与影响分析（FMEA）；审查了燃料供应商材料控制流程的先前评估行动；增加了具体的换料防污控制措施等。②针对碎屑磨蚀，采用了抗碎屑能力更强的燃料设计；对燃料组件的 FME（Foreign Material Exclusion，防异物）计划进行了评估，以减少外部碎屑进入格架和管束的情况。③针对端盖焊接故障，评估了从破损棒上获取端盖进行进一步检查的收益和风险；评估了实施 USW 过程 FMEA 潜在措施的优点和可行性。

3.1.2 美国 Surry 核电厂 1 号机组发生上端塞缺失/磨损

事件描述：Surry 核电厂（PWR，Westinghouse Three-Loop）1 号机组在第 6 循环（S1C6）运行期间出现燃料破损迹象，随即展开了广泛的燃料检查和评估。对堆芯卸载的所有燃料进行目视检查，发现有 7 根燃料棒出现异常。燃料组件 0B3 的一根燃料棒在第 2 层格架上方有一个小孔，在第 4 层格架上方有一个大孔（直径约为 1/4 in[①]，约 6.35 mm）；燃料组件 J15、6A2、3A2、1B5、4A5 和 4A0 各有一根燃料棒失去了上端塞。端塞与燃料棒分离的位置均在环焊缝处或其附近。此外，在 10 组其他燃料组件中也均有一根燃料棒出现一个小孔。还在 5 根燃料棒（分布于 4 组燃料组件）的环焊缝处发现了裂纹或气孔。在一组组件中，两根相邻燃料棒似乎有异物引起的微动磨损痕迹。除了目视发现的缺陷，还在几个燃料组件上发现了腐蚀沉积物，在约 20 组燃料组件上发现了金属屑异物。

根据啜吸技术和 BBR（Brown Boveri Reaktor）系统单棒泄漏检测结果，结合目视检查情况，表明第 6 循环有 52 组燃料组件发生破损。如果将这些破损燃料组件按区域划分，每个区域大约有 30%的燃料组件发生破损。BBR 检查结果表明，第 6 循环中有 81 根燃料棒存在缺陷，同时观察到燃料棒成对或成组破损发生率很高，81 根失效燃料棒中有 30 根与 2 根、3 根或 4 根棒束有关。

通过高倍放大电视对处于外围两圈的 60 根 S1C6 燃料棒进行一定程度的检查。根据超声检验结果，这 60 根棒中已知有 48 根存在缺陷，另外有 3 根燃料棒，BBR 检查未发现破损，但是通过高倍放大电视检查发现破损。因此，总共 51 根燃料棒发生破损。这 3 根燃料棒中的 2 根与先前已知有缺陷的一根配对，因此成对或成组破损的燃料棒数量增加到了 33 根。在 31 根燃料棒上直接观察到了异物磨损。由于发现成组破损与异物磨损有关，因此，外围两圈中的 5 根燃料棒破损可以间接归因于异物磨损。这 5 根棒要么是一组破损棒的一部分，要么与有磨损痕迹的棒相邻。因此，在检查的 51 根破损燃料棒中，有 36 根显示是异物磨损导致失效的。此外，还有一些燃料棒存在部分（非贯穿壁厚）磨损痕迹。除了外围两圈有 36 根燃料棒破损直接归因于异物磨损，内部还有 14 根破损燃料棒是成对的，其破损也可能是由异物磨损直接导致的。

除上述观察结果外，还对端塞缺陷和氢化物进行了观察，发现第 12 个有缺陷的端塞。在这 12 根上端塞有缺陷的燃料棒中，11 根分布在燃料组件的外围两圈，并且这些燃料棒的下端塞也存在异物磨损，其中 3 根与存在磨损缺陷的燃料棒相邻。除目视检查外，还从一根端塞焊缝有严重裂纹的燃料棒中取出端塞试样，在热室中进行了检查。此外，从另一组组件的下管座上取回第二个上端塞进行了检查。检查结果表明，端塞中含有大量的氢，这表明发现的端塞损坏是二次氢化造成的。在观察到氢化物气泡的 20 根燃料棒中，有 13 根也发现了异物磨损。

由于第 7 循环中仍显示有燃料破损，核电厂在 1984 年 1 号机组的换料大修中，对

① 1 in=2.54 cm。

第 7 循环的燃料组件也进行了检查，发现 157 组燃料组件中，有 8 组显示泄漏。随后通过高倍放大电视检查发现，其中 2 组燃料组件在第一个格架下方出现了磨蚀小孔，有 4 组燃料组件有异物磨蚀痕迹，另外 2 组无异常显示。

事件原因：经初步评估，排除了围板射流、燃料棒弯曲、疲劳和蠕变坍塌等失效机理，进一步检查和评估无法排除一次氢化、焊接缺陷和应力相关缺陷等机理，同时确认许多失效是异物磨损导致的。

纠正行动：①泄漏的燃料组件不再入堆使用；②评估西屋公司对燃料棒设计技术条件和制造工艺进行的详细审查，以降低后续出现设计和制造相关缺陷的可能性；③对计划在第 8 循环重复使用的燃料组件进行清洁，对反应堆压力容器、蒸汽发生器下封头、反应堆换料腔进行异物检查，并在必要时进行清理。

3.1.3　美国 North Anna 核电厂 1 号机组上端塞缺失

事件描述：1984 年，美国 North Anna 核电厂（PWR，Westinghouse Three-Loop）在 1 号机组换料大修期间，对第 4 循环中的燃料组件（N1C4）是否存在泄漏进行了检查。根据啜吸检查，157 组燃料组件中有 17 组存在泄漏。目视检查表明，2 组燃料组件的上端塞缺失，1 组端塞开裂，2 组燃料组件存在穿透壁的微振磨损缺陷，1 组燃料组件存在氢化物起泡缺陷，9 组存在微振磨损或碎屑问题。

事件原因：根据啜吸和视频检查的结果，可能的破损原因包括一次氢化、碎屑引起的微振磨损、焊接缺陷和应力相关缺陷。

纠正行动：①确定泄漏的组件不再入堆使用；②对下一循环堆芯中重复使用的每个组件进行预防性碎屑清理；③清洁部分反应堆冷却剂系统；④对西屋公司使用的燃料棒设计规范和制造工艺进行详细审查，以确定它们是否足够保守，从而降低未来出现设计和制造相关缺陷的可能性。

3.1.4　美国 Millstone 核电厂 2 号机组多根包壳破损、1 个端塞掉落

事件描述：在美国 Millstone 核电厂（PWR，Westinghouse Four-Loop）第 5 燃料循环运行期间，反应堆冷却剂系统的 I-131 浓度超出正常水平，表明可能有燃料破损情况。在第 5 循环结束时，进行了全堆芯的啜吸检查，发现 26 组燃料组件出现了包壳破损。经过目视和超声检查，确认在这 26 组组件中有 32 根燃料棒出现破损，1 根燃料棒的 1 个端塞丢失。

纠正行动：除其中一组只有 1 根燃料棒泄漏的组件继续使用外，其他破损组件都不再入堆使用。

3.1.5 巴西 Angra 核电厂 1 根燃料棒下端塞丢失

事件描述：1993 年，在巴西 Angra 核电厂 1 号机组第 4 循环运行过程中，发现了燃料破损迹象，运行 9 个月后机组停堆检修。燃料检查发现，17 组组件中有 64 根燃料棒发生泄漏，其中 1 根燃料棒下滑接触到了下管座，且该燃料棒的下端塞缺失。

事件原因：格架弹簧设计不合理，未提供足够的夹持力，导致格架与燃料棒之间发生了微振磨损。

3.1.6 巴西 Angra 核电厂乏燃料池中燃料棒上端塞丢失

事件描述：2005 年 2 月 2 日，Angra 核电厂发现乏燃料池（以下简称乏池）中燃料元件 0106 的上端塞丢失。查询 2002 年 3 月 21 日第 1 燃料循环堆芯卸载时的燃料元件目视检查报告，报告显示当时顶盖的焊缝具有正常特性。2005 年 6 月 27 日，在完成燃料元件维修后，旋转吊篮并对燃料元件上端塞和燃料元件第一层格架进行了目视检查，但未找到上端塞。通过观察哑棒插入时的阻力值，也排除了上端塞在此处的可能性。对 2002 年 3 月 21 日的目视检查录像带进行了重新评估，未能确认是否存在上端塞。之前对靠近倾斜吊篮旋转区域的乏池地板也进行了检查，未发现上端塞。因此，必须继续检查乏池的地板，上端塞极有可能掉落在乏池地板上，并且可能已经移动到燃料元件储存格架下面。

事件原因：碎片造成燃料棒破损，导致水进入燃料棒内，对焊缝产生二次影响。自 2002 年年初以来，这些燃料棒贮存在乏池中，促进了燃料棒上端塞焊缝的腐蚀。在倾斜移动燃料元件进行维修时，或在拆卸燃料棒进行改造的过程中，可能发生了上端塞丢失的情况。

3.2 燃料芯块掉落事件

3.2.1 美国 Palisades 核电厂燃料棒断裂、213 个芯块掉落

事件描述：1993 年 6 月 30 日，Palisades 核电厂在进行压力容器回装准备工作时，在换料腔排水过程中，在堆腔斜坑内发现异物，其接触剂量率约为 7 000 R/h，远远高出

该区域在换料期间的典型剂量水平（200～300 mR/h）。营运单位在堆腔内加注了大约 2 ft[①]的水以提供屏蔽。通过远程摄像机检查堆腔内，识别出该异物为长约 5 ft（1.5 m）、直径约为 0.4 in（1.0 cm）的圆柱形物体，怀疑为某根燃料棒的一部分；进一步检查发现，斜坑内还有另外 3 块疑似燃料棒碎片的物体，所有碎片总长度约 12 ft（3.66 m），其中一块碎片上有端盖并且可见序列号，通过序列号确认这些碎片来自 I-024 组件中的 S-15 燃料棒（后续调查发现其中一块并非燃料棒碎片），该组件在换料期间被提出至斜坑，旋转 180°后重新装入堆芯。

1993 年 7 月 4 日，3 块燃料棒碎片被收集到斜坑内的容器中。7 月 6 日，核电厂总经理批准将 I-024 组件从堆芯中吊出的计划。在提升过程中，传感器读数显示载荷大于预期。检查证实，组件仍然处于其堆芯位置，作业停止。经分析，共有 213 个燃料芯块缺失（约 5 ft 长），质量约 938 g。包壳缺失 51 g，以及发现未定量的格架碎片。

事件原因：堆芯围筒与燃料组件之间的相互干涉导致单根燃料棒磨损和失效。可能的根本原因包括：操作条件造成的围筒变形；螺栓松动或断裂造成的围筒变形；上部导向结构（UGS）和堆芯支撑板的错位。促成原因包括：燃料组件 I-024 在堆芯历经 5 个循环、换料操作造成轻微损坏、格架松弛；第 9 循环后更换了蒸汽发生器，增加了一回路冷却剂（PCS）流量；引入高性能燃料组件（HTP）导致局部 PCS 流量变化；燃料组件弯曲和扭转。

纠正行动：①在换料过程中，至少对围筒 4 个角部位置进行检查；②下一个循环对围板进行详细检查；③追溯堆芯围板和组件间隙的施工图纸和文件；④限制标准双金属组件的使用期限为 4 个寿期；⑤继续检查高性能定位格架组件，以确认其符合设计要求；⑥对于第 12 循环，采用计划的屏蔽燃料组件设计，或在围板角放置乏燃料组件，使燃料组件弯曲朝向堆芯并远离围板；⑦利用堆外中子探测器继续进行反应堆周期性噪声分析；⑧将在第 11 循环堆芯设计中使用 16“L”燃料组件，并布置于围板角位置。16“L”燃料组件有 14 个燃料棒被超长不锈钢棒代替。在围板角部干涉的燃料组件角部位置放置 8 根不锈钢棒，以避免类似失效。组件的其他 3 个角各放置两根不锈钢棒。

3.2.2　美国 Trojan 核电厂多组燃料破损、芯块掉落

事件描述：1981—1982 年，Trojan 核电厂出现了燃料组件重大损坏情况。随后的目视检查发现 17 组燃料组件受损，估计有 367 个燃料芯块从损坏的燃料棒上脱落。尽管这

① 1 ft=0.304 8 m。

些燃料芯块中的大部分仍留在燃料组件内，但并非所有散落的芯块都被成功回收。大约5年后，在反应堆容器法兰和下部换料腔区域发现了几个燃料芯块及其碎片。1990年，燃料破损事件发生8年后，仍然需要采取特殊措施来检测和防止分散的放射性颗粒扩散。在进入潜在的离散放射性粒子区域（红色区域）时，核电厂的许多区域都需要采用特殊的辐射防护技术和穿着额外的防护服。大约13%的安全壳和2.5%的辅助厂房被标注为“红色区域”。自1982年以来，该核电厂已发现大约3 000个分散的放射性颗粒。

事件原因：下部堆芯围板的接头间隙过大，导致水射流引起附近燃料棒振动，进而导致燃料棒损坏和燃料芯块脱落。

3.2.3 美国 North Anna 核电厂组件破损、15个燃料芯块掉落

事件描述：2014年9月15日，在North Anna 2号机组卸料过程中，在堆芯B11位置正下方的堆芯隔板上发现疑似燃料碎片的异物，该区域是第23循环中4Z9号燃料组件所处的位置。对燃料组件4Z9进行视频检查，发现两个燃料销的顶部弹簧脱落。经过详细的视频检查，估计有15个燃料芯块从4Z9燃料组件中脱落。该反应堆堆芯共包含约1 500万个燃料芯块。在识别和回收燃料芯块的过程中，发现的碎片与受损燃料组件中的5个燃料芯块匹配。此外，通过异物搜寻和检索系统（FOSAR），在堆芯中发现了预计与3个芯块量相当的碎片。其他7个脱落的燃料芯块已经或预计将化成细颗粒，溶解在一回路低流速区域或者通过正常的净化过程去除。由于7个芯块的具体位置无法确定，电厂按照法规要求同时上报了核材料丢失。

事件原因：燃料组件失效的直接原因为围板射流。在2号机组第23循环期间，围板射流导致位于堆芯位置B11的4Z9组件中的两根燃料棒开始旋转和振动，继而导致燃料棒磨损，最终导致机械故障和燃料棒解体。燃料棒解体后，至多有15个燃料芯块从两根受影响的燃料棒中脱出。燃料组件失效的根本原因是老化机理，围板和螺栓的材料性能发生了变化，导致围板连接处的缝隙增大。自机组运行以来，应力、温度和辐照导致螺栓和围板松弛、蠕变并失去预紧力。材料性能的变化，使得B11位置附近的围板角连接处的缝隙在相对较高的压差（围板-吊篮形式下约25 psi[①]）作用下增大。

纠正行动：①进行燃料组件重组，提供了一个低富集度组件，采用7根不锈钢棒代替可能受到围板射流影响的燃料棒；②在堆芯隔板上取回了明显的燃料碎片；③对第22循环相同位置的组件进行检查，未发现围板射流现象；④对第23循环其他位置的组件

① 1 psi=0.006 895 MPa。

进行检查，在 10 个组件的中心连接位置发现部分燃料棒存在轻微磨痕或表面腐蚀，并在格架相同位置发现磨损痕迹，专家分析后认为无须采取进一步行动；⑤实施反应堆容器向上流转换（UFC）改造。

3.2.4　美国 McGuire 核电厂芯块掉落

事件描述： 1986 年 6 月 26 日，McGuire 核电厂（PWR，CE 公司）处于模式 6，反应堆压力容器顶盖关闭，且燃料重新装料完成。在对反应堆压力容器内部构件进行目视检查时，发现挡板周围有 5 个异物，在反应堆厂房内的燃料翻转机区域和燃料转运通道旁边发现了另外 4～5 个异物。6 月 28 日，确认这些异物是被辐照的燃料芯块，是从燃料组件 D-03 的一个破损燃料棒中掉落出来的。检查发现，在 17×17 燃料棒阵列中，16 号燃料棒的顶部 6～8 in 部分缺失，燃料棒的其余部分在顶部偏离垂直方向约 1.5 in。燃料组件 D-03 仍与抓具相连，已降低到距离堆芯板几英寸以内，但由于燃料组件过度弯曲而无法完全就位。此外，整个燃料组件的 15 号燃料棒垂直向下错位，沿 16 号燃料棒有 3 个格架条带损坏。

事件原因： 公开资料未提供详细的检查和分析结果。

3.2.5　斯洛文尼亚 Krško 核电厂燃料组件严重失效、芯块掉落

事件描述： 2013 年 10 月，在斯洛文尼亚 Krško 核电厂换料大修期间的堆芯卸载过程中，通过堆内啜吸方法检查了所有燃料组件的燃料棒完整性。根据运行期间冷却剂的放射性活度，发现 6 个燃料组件出现泄漏。在将燃料组件从反应堆转移到乏池的过程中，在燃料转运通道底部发现了一个 50 cm 长的不明物体。取出该物体后，确定这是来自燃料组件 AD11 的一段燃料棒。对从堆芯卸出的所有燃料组件进行目视检查，发现 3 个燃料组件的 8 根燃料棒存在破损（开放式的包壳缺陷），部分包壳缺失，并且燃料芯块散落；另有 3 个燃料组件各有 3 根燃料棒存在包壳致密缺陷，其中 1 根破损。在事件发生期间，所有安全系统仍可发挥其预期功能，核安全水平没有降低，未超出运行限值和条件，主冷却剂的活度低于限值的 3%，事件期间未发生其他紧急情况。

事件原因： 对反应堆压力容器、反应堆容器内部构件、反应堆腔和燃料输送通道进行了全面的异物搜索和回收检查，以发现和收集碎屑，包括分散的燃料芯块材料。在其他燃料组件的管嘴和格架中也发现了碎屑。分析认为，造成开放式包壳缺陷的主要原因是围板射流；造成致密缺陷的原因是流致振动导致的格架-燃料棒磨蚀或异物磨蚀。

纠正行动：①实施反应堆容器向上流转换（UFC），以消除造成围板射流的压力梯度；②优化燃料组件设计，以提高格架-燃料棒磨蚀或异物磨蚀的裕量；③进行燃料棒重组，将堆芯围板附近位置的 7 根燃料棒更换为能够抵抗围板射流的不锈钢棒；④将燃料组件 AD11 的燃料棒断裂部分从燃料输送通道底部回收，暂时存放在乏池的滤网篮内，并为断裂燃料棒的永久贮存封装编制了一份封装规范；⑤监管单位要求，在机组重新运行前，核电厂必须编制一份扩展的破损燃料行动计划，说明在下一个燃料循环期间，如果出现有开放式缺陷的燃料泄漏应采取的适当行动。由于堆芯方案改变和在堆芯中使用重组燃料，考虑到不锈钢棒在重组燃料中的影响，针对第 27 循环的堆芯发布了修订的换料安全评估文件。

3.2.6 美国 Point Beach 核电厂 2 号机组燃料包壳失效、芯块碎片掉落

事件描述：美国 Point Beach 核电厂（PWR，Westinghouse Two-Loop）2 号机组在第 11 燃料循环后，对卸载的燃料进行了计划检查，在组件 L56 和 L59 中发现部分燃料棒包壳失效。每个组件中可能有 1～4 根燃料棒包壳发生失效，主要原因是燃料棒和格架、格架弹簧和挡板之间的振动。这种振动是由水通过堆芯挡板和接头开口引起的。在第 11 循环中，组件 L56 位于堆芯位置 M6，组件 L59 位于堆芯位置 F1。这些位置位于外侧槽口形堆芯挡板角旁边。1985 年 11 月 2 日，目视检查挡板接头，证实了堆芯角开口。目视检查下部堆芯支撑板时，发现了从损坏的燃料棒中掉落的燃料芯块碎片。

L56 组件的大部分损坏仅发生在南面西南角的第 2 根棒上。这根棒在 2 层格架上方处被彻底切断，3 层格架处的包壳被磨穿，3 层和 4 层之间的包壳由于过度向挡板弯曲而磨损，4 层和 5 层格架处的包壳显示出与格架的磨损迹象，6 层格架弹簧磨损，破损棒落在下管座上。

L59 组件主要是西侧北边的燃料棒破损。西侧 2 号棒在 1 层格架下面被磨穿，4 层格架处弹簧断裂，格架上下方都有磨蚀，2 号棒落在下管座上。北面 14 号棒在 5 层格架处有轻微磨蚀。在 1、2、3、4 号棒之间的 3 层格架上方发现 3 个燃料芯块，1、2、3 号棒之间的 4 层格架和 3、4 号棒之间的 5 层格架上方发现燃料芯块碎片。

事件原因：两组燃料组件破损可能是堆芯围板射流造成的。

纠正行动：采取措施找到并移出掉落的燃料芯块。除一些无法移出的细小燃料碎片外，反应堆压力容器中没有可见的燃料芯块或碎片。在堆芯旁流通道增设了折流板。

3.2.7 瑞典 Oskarshamn 核电厂 2 号机组燃料棒破损、芯块丢失

事件描述：1988 年 8 月，瑞典 Oskarshamn 核电厂 2 号机组（BWR，ABB-Atom AA-II）在气体活度水平增加一个月后，反应堆冷却剂活度浓度稳定在约 0.032 μCi/mL I-131 当量（低于 1.0 μCi/mL 的运行限值）。此外，Xe-133 的废气活度水平增加了约 200 倍，但仍在运行限值内。在随后的换料啜吸检查中发现，共有 4 组第 1 循环燃料组件存在破损（每组 1 根），这 4 根燃料棒在堆芯对称分布。破损组件是由 ABB-Atom 生产的 SVEA 64 型燃料组件。目视检查发现，靠近控制棒中心的燃料棒包壳破损严重，燃料棒氧化严重，4 根破损的燃料棒在底层格架下部断裂，燃料芯块丢失。破损燃料棒具有典型的内部氢化损伤特征，相邻燃料棒完好无损。

事件原因：调查确定，燃料缺陷发生在稳态运行期间，是局部设计热流密度超过限值导致偏离泡核沸腾的结果。燃料组件的二次入堆重复使用以及使用了不同尺寸的燃料组件，导致燃料通道过度弯曲，从而引发了偏离泡核沸腾。此外，用于热流密度监控的计算机程序不够保守，也导致了该问题的出现。

纠正行动：在短期内，将最恶劣燃料负载组合的稳态烧干余量（最小临界功率比）的最小临界热流密度的运行限值从 1.24 提高到 1.65，以补偿燃料通道弯曲。同时，修改计算机代码，以补偿通道弯曲和使用不同燃料组件设计的局部功率影响。

3.3 燃料包壳降级或破损事件

3.3.1 法国 Cattenom 核电厂 3 号机组多组燃料棒破损

事件描述：1999 年 9 月 15 日，Cattenom 核电厂 3 号机组开始第 8 燃料循环。运行一个月后，观察到一次冷却剂放射性活度水平上升，分析表明该异常与燃料包壳密封性故障有关。随着运行时间的延长，破损迹象越发严重，说明破损数量增加或破损程度加重，但一回路水的放射性活度水平仍在限值内。其间，核电厂宣布出现了“严重的燃料包壳破裂”，操纵员加强了对一回路系统放射性活度的监控，并降低了机组的功率变化幅度。2001 年 1 月 27 日，机组开始进行大修。操作人员对燃料组件进行检查，结果显示共 28 组燃料组件（92 根燃料棒）出现破损，主要位于堆芯的中间区域。对取出的燃料棒进行目视检查发现，燃料棒的初始缺陷发生在燃料棒与下部定位格架接触处，部分

燃料棒发生了次生缺陷（二次氢化）。次生缺陷的特征包括：5 根燃料棒出现周向型破裂，9 根有纵向裂纹，其余破损燃料棒呈现出“太阳花”形，或周向或纵向开裂。这是法国核电史上首次出现如此大规模和严重的燃料包壳破损情况。

事件原因：导致 28 组燃料组件破损的原因是微动磨蚀。次生缺陷是由于水进入燃料棒，随后在水辐照分解产生的氢气作用下，包壳发生了二次氢化。

纠正行动：①在燃料组件下部增加一层加强格架，对燃料棒下部进行加固，并将其推广到其他 1300 MWe 系列核电厂实施；②降低惰性气体总比活度和碘剂量当量比活度的限值。

3.3.2 美国 Haddam Neck 核电厂大量燃料棒破损

事件描述：1989 年 11 月 17 日，美国 Haddam Neck 核电厂机组处于模式 6 时，超声波探测显示大量燃料棒失效。在完成所有检查后，确认在 98 组已修复的燃料组件中有 88 组 311 个燃料棒破损，在 6 组未修复的燃料组件中估计有 37 个燃料棒破损。在 48 组卸出的燃料组件中，估计有 39 组 108 个燃料棒破损。在第 15 燃料循环期间，共有 133 组燃料组件中的 456 根燃料棒破损。

Haddam Neck 核电厂的堆芯由 157 组燃料组件组成，每组组件为 15×15 排列，包含 204 根燃料棒、20 个导向管和 1 个堆芯仪表管。在第 14 燃料循环运行期间观察到有限数量的燃料破损，反应堆冷却剂系统（RCS）的 I-131 活度浓度平均为 0.006 μCi/mL。在 RCS 减压期间没有发现额外的峰值。随后的超声检查表明，有 4 根燃料棒破损。第 15 燃料循环初期，放化参数显示大概有 61 根燃料棒发生破损。循环末期，I-131 活度浓度平均为 0.025 μCi/mL。在冷停堆状态下，I-131 活度浓度达到 0.794 μCi/mL，在此后的降温降压过程中，升高到 11.4 μCi/mL。对所有第 15 循环的燃料组件都进行了超声检查。观察到的碎片通常位于受影响的燃料棒底部 1.25 in 处。一些缺陷可能直到循环冷却结束后，才会将裂变产物释放到本体冷却剂中，此时减压操作可能导致活性释放。

事件原因：对于再入堆的 109 组燃料组件的检查表明，破损是由卡在燃料组件下管座和第一个定位格架之间的碎屑引起的。这些碎屑是在上次换料大修期间进行热屏支撑系统维修时引入的，引发了长期微振磨蚀，导致包壳被磨穿。在第 15 循环的破损组件中也观察到了 PCI 效应，这也是 Haddam Neck 核电厂发生过的典型燃料棒失效模式。

纠正行动：采用详细目视检查和清除碎片的专用设备，检查了所有 109 组再入堆燃料组件，约有 500 块碎片被清除。所有包含破损燃料棒的再入堆组件均已重构，破损的燃料棒被其他燃料组件中具有近似燃耗水平的燃料棒所替代。机组重启之前，开展了根本原因分析，制订了全面的防异物措施，对反应堆压力容器、RCS 系统及其他相连的主要系统进行了净化清理，并对修改后的堆芯设计进行了重新评估。

3.3.3 法国某核电厂燃料破损

事件描述：1994 年年末，法国某核电厂在大修结束满功率运行两周后，由于一回路放射性活度升高，怀疑燃料破损而停堆。燃料检查发现，有 2 组新燃料组件中的共 10 根燃料棒破损，所有燃料棒破损位置相似，均位于下端塞上部。

事件原因：部分芯块氢含量偏高，导致包壳管内部发生一次氢化。

纠正行动：制造厂采取了措施，防止污染再次发生。

3.3.4 美国 Connecticut Yankee 核电厂燃料棒破损

事件描述：美国 Connecticut Yankee 核电厂在完成换料之后重新启动，机组使用了已知存在两根燃料棒缺陷的燃料组件。根据预期的裂缝大小，寿期初 I-131 活性水平应稳定在大约 5.0×10^{-3} μCi/mL。然而，在启动期间，活度浓度增加到估计水平的大约 5 倍，并在运行周期内的剩余大部分时间稳定在此值。该数据表明，存在 9～12 根有缺陷的燃料棒，这些缺陷可能是高燃耗燃料中的细纹裂纹或针孔。该核电厂使用的燃料包壳材料为不锈钢，不易受到氧化锆包壳常见的典型二次氢化缺陷的影响。

运行大约一个月后，反应堆停堆并降压，以便进行反应堆冷却剂泵的维护。在此期间，反应堆冷却剂的化学成分没有表明燃料出现任何新问题，但 I-131 的活度浓度增加并达到最大值，约为 11 μCi/mL。随后对燃料组件的检查显示，有 448 根燃料棒存在穿孔缺陷。大修后，600～900 根受到碎片磨蚀的燃料棒被重新装入堆芯，其中部分燃料棒带有穿孔缺陷。

事件原因：这些缺陷是由燃料棒底部（底板上方约 1 in 处）的小金属碎片微动引起的，这些碎片是大修期间进行热屏蔽工作时产生的。除了微振磨蚀，认为还发生了芯块-包壳相互作用（PCI）。

3.3.5 美国 Surry 核电厂 1 号机组燃料棒破损

事件描述：1983 年 3 月，美国 Surry 核电厂 1 号机组在更换蒸汽发生器后的第一个运行循环内就出现了许多燃料缺陷。在蒸汽发生器更换后的 5 个循环内，共发现 76 组燃料组件存在缺陷。

事件原因：蒸汽发生器更换过程中，金属碎片被引入反应堆冷却剂系统，导致了微振磨蚀。

纠正行动：核电厂已采取多项措施来清除反应堆冷却剂系统中的碎片。由于这些措施，在随后的每个运行周期内发生的燃料缺陷数量均有所减少。

3.3.6 加拿大 Pickering 核电厂燃料棒破损

事件描述：加拿大 Pickering 核电厂（属重水堆）在反应堆紧急停堆恢复期间，为避免氙毒导致反应堆意外停堆，功率从 65%迅速上升到 87%。采集的冷却剂样品活度水平表明存在大量燃料棒破损。使用水下摄像机对总共 53 个燃料棒束进行了检查，在 36 个燃料棒束中发现 191 个燃料棒存在缺陷，这些缺陷主要表现为包壳轴向开裂。

事件原因：当燃料处于超功率状况（最终功率与初始功率之比大于指南要求）时，会导致缺陷发生。因此，事件的原因被认为是使用了技术上不正确的操作说明。促成因素包括错误的棒位指示导致反应堆调节系统响应不当，以及加料机的不可用（氙反应性补偿能力下降，造成瞬态恢复困难）。

纠正行动：①移除故障燃料；②在核电厂计算机的燃料建模代码中纳入安全报告分析中使用的超功率限值；③对技术人员和持证人员进行额外的超功率限值培训；④发布操作说明，确认反应堆调节系统应对异常棒位指示做出的响应。

3.3.7 美国 Point Beach 核电厂 2 号机组燃料包壳穿孔破损

事件描述：1993 年春，美国 Point Beach 核电厂 2 号机组在换料大修期间，发现反应堆冷却剂中的 I-131 放射性水平超出正常范围。燃料组件的啜吸测试表明，在 4 组优化型燃料组件（OFA）中，有 1 组表现出缺陷迹象。此后对发生泄漏的 ZD3 组件进行检查，发现多根燃料棒的包壳存在异常降级。在第一层格架附近，破损的燃料棒上有两个成 90°角的包壳穿孔，初步判断是由铬镍铁合金弹簧夹与燃料棒在第一层格架处的相对运动引起的磨损造成的。其他位置的包壳穿孔并非全部出现在格架位置，且发现了锆合金的氢化现象。

事件原因：这种穿孔看似从燃料棒内部产生，因此判断这些贯穿包壳的穿孔是二次氢化的结果，这是由反应堆冷却剂通过第一层格架位置的微振磨蚀、渗透泄漏引起的。

纠正行动：对这种包壳穿孔的退化机制、纠正措施和潜在后果展开进一步调查；研究了格架加工、OFA 制造过程中可能存在的问题，以及格架和组件的设计优化，并完成了调查报告。

3.3.8　法国 Nogent 核电厂 2 号机组多组燃料组件破损

事件描述：法国 Nogent 核电厂 2 号机组是一座 1300 MWe 压水堆核电机组，装载了 193 组燃料组件。在第 11 循环初期（2001 年 12 月），放化数据显示异常，2002 年 11 月，提前 5 个月停堆，在停堆检修期间发现共有 22 组燃料组件（37 根燃料棒）发生破损，燃料棒的破损位置位于与定位格架接触的部位，由格架与燃料棒之间的微振磨蚀导致。

事件原因：结合经验反馈、计算分析、敏感性研究和水力试验等结果，确定根本原因是在堆芯底部轴向及横向的流体激励引起燃料棒振幅过大，燃料组件格架弹簧随辐照松弛，导致其对燃料棒的夹持力不足。

纠正行动：在燃料组件下部增加了一层加强格架，对燃料棒下部进行加固，并将这一改进推广到其他 1300 MWe 系列的核电厂。

3.3.9　美国 Diablo Canyon 核电厂 2 号机组多根燃料棒被围板射流切断

事件描述：1999 年 10 月 4 日，美国 Diablo Canyon 核电厂 2 号机组处于第 9 燃料循环模式 6 时，PG&E 发现了 2 组损坏的反应堆燃料组件。初步检查显示，组件 V03（位置 L-15）包含 2 根破损燃料棒，组件 V02（位置 E-1）包含 3 根破损燃料棒。1999 年 10 月 7 日，PG&E 审查了 2 号机组第 8 次换料大修期间拍摄的燃料检查录像带。录像显示，U13 组件（上一个燃料循环位于 L-15）包含 1 根损坏的燃料棒。

换料操作期间，核电厂发现燃料组件上管座有异物凸出，后确定为破损组件的压紧弹簧。此后对破损部分进行收集，共收集到破损燃料棒的两端部分、一小部分燃料包壳，以及两根格架条带的一些碎片。主要破损组件的详细情况如下：

V02 组件，A16/A15/A14 棒显示被围板射流切断。A16 上部分（从燃料棒顶部到第 8 层格架之间）丢失。压紧弹簧卡在流动孔并凸出在管座之外。格架下方，燃料棒显示出整齐的水平切口，表面光亮，说明燃料棒在格架处发生旋转。A15 斜靠在 A16 上，两者之间的 7 号条带缺失，燃料棒与下管座接触，整个下部端塞都已被磨损。A15 上部分（从燃料棒顶部到第 8 层格架之间）丢失，压紧弹簧卡在流动孔并凸出在上管座之外，第 8 层格架下方的燃料棒有整齐水平切口，燃料棒表面光亮，与下管座完全接触，下端塞显著磨损。A14 上部大约 1 in 处已经断裂，卡在上管座，压紧弹簧暴露在断裂的燃料棒之下，一条格架条带缺失。燃料棒与下管座接触，下端塞显著磨损。

V03 组件，Q2/Q3 棒显示被围板射流切断。Q2 棒顶部 1 in 处断裂，卡在上管座流动孔，压紧弹簧露出。燃料棒在第 8 层格架以下的位置，有整齐的水平断口，第 7 层格架外条带部分缺失，燃料棒露出。燃料棒与下管座接触，下端塞显著磨损。Q3 上部到第 8 层格架之间缺失，压紧弹簧缺失。第 7 层格架缺失外围格架弹簧，燃料棒与下管座接触，下端塞显著磨损。

U13 组件，Q1 棒已经断开，卡在上管座。压紧弹簧暴露在已断的燃料棒下方。第 7 层格架 Q1 位置外格架弹簧缺失。Q1 棒与下管座接触。

事件原因：直接原因是围板射流引起的振动。根本原因是堆芯围板设计引起的射流。行业经验表明，与没有采用全长边缘螺栓连接的芯筒相比，采用全长边缘螺栓连接的芯筒（如 1 号机组）更不容易受到这种现象的影响。

纠正行动：2 组破损燃料组件 V02 和 V03 从堆芯中移除，不再使用。对挡板和挡板接头区域进行了录像带检查。对可能暴露于围板喷射的其余组件进行了检查。盘点和评价松脱与散落的部分，断开的燃料棒上部被拔出，其中 3 个端部被回收，另外 2 个末端部分没有回收。每个端部包括一个端塞和一小部分燃料棒。下次换料大修时，检查易受围板射流影响的燃料组件是否磨损和退化。

3.3.10 美国 Limerick 核电厂 1 号机组燃料包壳降级

事件描述：1988 年 3 月，美国 Limerick 核电厂 1 号机组（BWR）为防止因芯块-包壳相互作用（PCI）导致燃料缺陷，使用了抗 PCI 的包壳材料，并进行了预处理。废气活度的增加表明燃料包壳出现退化，并最终导致第 2 个燃料循环的后半段不得不降功率运行，在核电厂停堆进行换料大修时，大约以 50%的额定功率水平运行。随后，通过真空啜吸发现了 56 个燃料棒束因结垢引起局部腐蚀。鉴于未来燃料破损的可能性较大，总共更换了 448 个燃料棒束，重组了 50 个燃料棒束用于下一个燃料循环，以及重组了另外 36 个燃料棒束用于下下个燃料循环。

事件原因：燃料循环早期的化学瞬态影响了燃料包壳表面保护性氧化层的形成，从而为腐蚀沉积物引起的局部腐蚀创造了条件。

纠正行动：①将给水中的铜离子浓度保持在指南范围内；②增加了废气和反应堆冷却剂活度的采样频率；③增加了 α 粒子的监测频率，以及时发现是否有燃料芯块破损；

④对核电厂特定区域进行常规监测和趋势分析，以评估不断变化的放射性条件，同时跟踪这些区域的管道剂量率和空气样本，对其进行趋势分析；⑤增加对反应堆冷却剂接口系统（如反应堆水净化系统）附近离子的监测频率等。

3.3.11　法国 Saint-Laurent 核电厂 A1 反应堆燃料棒破损

事件描述：法国 Saint-Laurent（圣洛朗）核电厂 A1 反应堆是一座天然铀石墨气冷堆，首次临界事件发生在 1969 年 1 月 7 日，反应堆于 1990 年 8 月 18 日退役。该反应堆的设计热功率为 1 650 MW，电功率为 480 MW。由法国电力公司负责运营。

1980 年 2 月 13 日，Saint-Laurent 核电厂 A1 反应堆因触发燃料故障信号导致自动停堆。反应堆很快再次启动，但在功率提升期间发生温度瞬态，核电厂采取手动紧急停堆措施。在 1980 年 1 月 24 日至 2 月 10 日停堆期间，在一个空通道周围的 3 个通道中观察到严重的燃料破损，甚至在某些情况下足以熔化包壳中的镁。本次事件中没有发生放射性裂变产物失控释放。

事件原因：原因是多方面的，包括温度仪表有缺陷、功率增加期间温升过快、燃料位于温升过快区域以及操作程序存在缺陷。

3.4　燃料包壳氧化膜脱落事件

3.4.1　巴西 Angra 核电厂 2 号机组燃料包壳表面材料剥落

事件描述：巴西 Angra 核电厂 2 号机组在第 16 循环运行 10 天后发现燃料组件出现缺陷迹象，根据程序归类为 1 级行动，直到此循环结束，该缺陷迹象一直保持在这一行动级别内。第 16 循环中，机组的化学控制和一回路诊断仪表显示都在技术规格书范围内。然而，在此循环的延伸运行开始阶段，反应堆冷却剂系统中发现了 I-131 和 Xe-133 的聚集，与之前循环中观察到的燃料失效情况一样，达到了行动级别 2。在机组第 16 次换料大修期间，使用水下摄像机对乏池中的燃料组件进行了目视检查，观察到 R 系列（棒组）中一些燃料棒的包壳表面材料存在剥落现象。

事件原因：调查发现，这些剥落物质来自位于燃料组件顶部第 8 格栅和第 9 格栅之间的涂层结构，具体位于燃料棒裂变柱末端和上部“气腔”的过渡区域。对这些剥落物质的化学分析表明，其主要化学成分为锆和铌。根据迄今为止的研究和调查数据，无法确定 R 系列燃料组件表面剥落的根本原因。

纠正行动：①进行剥落物质的取样分析；②查找受腐蚀影响的 R 系列燃料组件表面材料剥落的根本原因；③测量受腐蚀影响的 R 系列燃料组件表面氧化层的厚度。

3.4.2 法国 Chooz B2 核电厂燃料包壳异常腐蚀

事件描述：法国 Chooz B2 核电厂在第 18 循环停堆后，在燃料组件卸料过程中通过视频检查发现白色颗粒物。对发现的异常燃料组件进行了多次视频检查，并对这些白色颗粒进行了初步分析，确认这些白色颗粒来自燃料棒活性段顶部附近包壳表面的加速氧化。对 86 组燃料组件进行了氧化膜厚度测量，建立了燃料组件氧化等级与氧化膜厚度之间的关联性，并确定了氧化膜脱落阈值为 71 μm。

结果总结如下：

（1）加速氧化出现在组件活性段顶部以及气腔段区域。

（2）加速氧化的外观特征为燃料棒包壳表面发白。

①在少量经历 2 个循环运行的组件上观察到氧化膜脱落现象。

②热室检查显示这种氧化膜脱落不会引起氢的迁移，脱落位置处没有氢化物聚集。

③第 17 循环结束时的检查视频显示，加速氧化现象在组件首循环运行时便已出现。

④再次观察到包壳铁含量的影响。

事件原因：通过对事件进行根本原因分析，确定了以下几个影响因素：高负荷的燃料管理方案；与电偶腐蚀相关的相邻效应；受影响最严重的燃料棒铁含量低。

纠正行动：①所有氧化膜剥落的燃料组件不再入堆；②对于使用了腐蚀动力学高于预期的低铁含量铸锭和可能引起燃料棒包壳氧化膜脱落的低铁含量铸锭的燃料组件，经安全分析后，确认其在下一个循环辐照期间不会出现氧化膜剥落的情况下可再入堆；③降低堆芯运行功率水平至 92.6%Pn，以减少燃料棒包壳顶部的过冷泡核沸腾现象；④在水化学技术规范允许的范围之内，适当增加一回路冷却剂中的溶解氢含量，以限制高度氧化环境的形成；⑤在延伸运行期间，将温度调节控制棒组件置于较理论设计更深的棒位位置，以限制堆芯上部的功率，从而抑制泡核沸腾现象的发生；⑥调整组件再入堆氧化膜限值要求后，恢复至 100%Pn 运行；⑦考虑到铸锭铁含量是 M5 包壳加速腐蚀现象的重要影响因素之一，计划提高燃料棒包壳制造技术规范中的铁含量限值，以增强其抗腐蚀性能。

3.4.3　德国 Brokdorf 核电厂 M5 合金燃料包壳严重腐蚀

事件描述：2017 年 2 月 17 日，德国 Brokdorf 核电厂在机组换料大修期间，对燃料组件进行例行目视检查时发现，燃料棒上部位置出现了氧化剥落、褪色、高氧化膜厚度等缺陷。在压力容器内也发现了大量异物，经分析确认异物为脱落的氧化锆碎片。进一步检查燃料元件包壳的氧化膜厚度，有 10 个燃料元件包壳的氧化膜厚度超过 100 μm，部分包壳的局部氧化膜厚度超过 130 μm，这超过了技术规范对氧化膜厚度的限值要求（周向平均不超过 100 μm；局部不超过 130 μm）。调查发现，32 组缺陷燃料组件中，8 组经历了 3 个燃料循环，22 组经历了 2 个燃料循环，2 组经历了 1 个燃料循环。这些缺陷燃料组件均是制造商 AREVA 交付的第 27 批次 FOCUS 型燃料组件。M5 合金包壳在德国杜伊斯堡的 ANF 工厂制造，2014 年在俄罗斯 MSZ 工厂完成燃料棒的组装。在同一燃料循环中，该核电厂使用的其他制造商生产的燃料组件未发现腐蚀缺陷。

事件原因：调查结果表明，缺陷燃料组件均为第 27 批次交付的产品。该批次与其他批次均遵照同一技术规格书制造，但铁含量偏低（尽管满足技术规格书的要求）。

3.4.4　西门子 KWU 核电厂机组 A 燃料包壳加速氧化

事件描述：在西门子 KWU 核电厂机组 A 的燃料组件中，最上一跨的 M5 合金燃料棒包壳表面首次观察到加速氧化现象。所有第 18 个换料批次组件都受到了影响，但氧化程度不一。经氧化膜厚度测量，发现最大氧化膜厚度出现在燃料棒活性段顶部，为 40～70 μm，并且沿燃料棒顶部方向逐渐减小。燃料棒其他位置的氧化膜厚度符合经历一个循环的组件的预期。在机组 A 的另一个循环换料大修期间，再次观察到燃料组件（第 23 个换料批次组件）上部区域出现了加速氧化，测得的最大氧化膜厚度低于第一次事件（50 μm），但同样位于活性段顶端，部分燃料棒仅在气腔区域有轻微加速氧化。

事件原因：经分析确定了几个影响因素，包括高负荷运行的机组以及采用的局部高负荷堆芯燃料管理方案；电偶腐蚀；相邻棒因电偶腐蚀引起了相邻效应；低铁含量燃料棒的加速氧化最为严重；在二次焊接前的人工清洗阶段使用了一种特殊清洁剂。

纠正行动：经历一个循环运行的组件在乏池中贮存多年后，在后续循环中陆续再入堆。首先入堆的是一组最大氧化膜厚度为 40 μm 的组件，以验证加速氧化组件在后续循环中的腐蚀动力学是否恢复到预期的正常状态，且不再发生加速氧化。确认后，才将其他加速氧化组件再入堆，包括有明显氧化膜脱落的组件。对于这些再入堆的第 18 个换料批次组件，核电厂进行了包括目视检查和氧化膜厚度测量在内的监测。观察到加速氧化组件再入堆后腐蚀动力学恢复到了预期的正常状态。在乏池内较长时间的贮存对燃料组件的腐蚀也没有影响。机组后续循环的燃料管理方案保持不变，但是采取了包壳铁含量限制在 300ppm 以上和不再使用可能产生影响的清洗剂等措施。

3.4.5 西门子 KWU 核电厂机组 B 燃料包壳加速氧化

事件描述：在西门子 KWU 核电厂机组 B 的某个循环后，观察到经历 2 个循环和经历 3 个循环运行的燃料组件均出现加速氧化现象。进一步调查发现，这些组件在首次循环运行时便已出现加速氧化现象，起初发生在活性段末端，在第 2 循环运行时扩展到了气腔段。机组 B 出现加速氧化的循环条件较为特殊，表现为循环长度相对较短，堆芯内没有装载任何新燃料组件，并且在循环末期存在较大的轴向功率偏移。循环期间燃料棒上部局部较高的功率可能导致了包壳加速氧化。

事件原因：经分析确定了几个影响因素，包括不含新燃料组件的堆芯装载方式；经历 2 个和 3 个循环运行的组件负荷较高；循环末期存在较大的轴向功率偏移；可用电偶腐蚀解释的相邻效应；受影响铸锭的铁含量较低；一回路冷却剂的氢浓度相对较低，尤其是在循环末期。

纠正行动：考虑到该核电厂即将永久关停，没有对后续循环组件的包壳含铁量进行限制，但适当提高了一回路冷却剂的氢含量。此事件后，法马通公司对 M5 Framatome 包壳技术规范进行了修改。

3.4.6 西门子 KWU 核电厂机组 C 燃料包壳加速氧化

事件描述：在西门子 KWU 核电厂机组 C 的第 16 个循环结束时，观察到经历 1 个循环运行的组件（“R”换料批次）出现了加速氧化现象，部分组件存在明显的氧化膜脱落；在经历 2 个循环运行的组件（“P”换料批次）上观察到棒表面有浅灰色或白色痕迹，但没有任何氧化膜脱落，加速氧化程度较“R”换料批次组件低。回溯“P”换料批次组件在第 1 循环辐照后的视频检查结果，发现其在第 1 辐照循环期间便已出现加速氧化现象。

与之前的换料批次组件相比，“R”换料批次组件包壳的平均铁含量极低。在机组第 16 个循环期间，大多数高铁燃料棒位于低铁燃料棒环境中，只有少量低铁燃料棒位于高铁燃料棒环境中。

在机组第 17 个循环结束时，由于铁含量的增加，经历一个循环的燃料组件的腐蚀情况得到了改善。在机组第 18 个循环换料时，首次将包壳铁含量限定在 400～500 ppm 范围内。最近一次机组停机（第 18 个循环结束）后的检查显示，采用较高铁含量后，组件最上跨处的加速氧化现象减少，与预期相符。大部分该循环的换料批次组件腐蚀正常，没有出现加速氧化。

事件原因：经分析确定了几个影响因素，包括高负荷的燃料管理方案；通过数值模拟证明与电偶腐蚀相关的相邻效应；受影响最严重的燃料棒铁含量较低；一回路冷却剂氢含量相对较低。

纠正行动：为了改善情况，尽快采用了新的 M5 包壳制造技术规范，以提高包壳的铁含量。

3.5 燃料操作事件

3.5.1 美国 Connecticut Yankee 核电厂燃料组件被意外带出并掉落

事件描述：1986 年 2 月 26 日，美国 Connecticut Yankee 核电厂在进行堆芯上部支撑结构的吊出作业时，意外将一组外围燃料组件从堆芯中带出。随后，在上部支撑结构垂直提升完成、向其存放区水平移动时，燃料组件撞击到堆芯吊篮并落入压力容器中，大约掉落了 4 ft（1.22 m），其底端位于堆芯顶部，顶端斜靠在堆芯吊篮上。该燃料组件掉落损坏了另外两个堆芯内的燃料组件。对空气和水的样本进行了采集，未观察到区域辐射水平、空气活度或换料池水活度的变化，表明燃料棒未破损。如果燃料组件受到更严重的损坏，可能会导致安全壳内的放射性物质释放。

事件原因：堆芯上板上的定位销发生了弯曲，与燃料组件产生了较大的夹紧力，这种夹紧力产生的摩擦力使得在拆除上部堆芯支撑结构时，意外带出燃料组件。定位销的弯曲可能是之前换料大修期间，上部堆内构件存放区的异物造成的。

纠正行动：①使用远程目视检查装置帮助发现组件的意外抽出；②考虑在装料前和安装上部内部构件前，检查存放区是否存在异物；③如果将燃料组件连同堆内上部构件一起从堆芯中拉出，鉴于通过降低堆芯上部支撑结构重新插入燃料组件是不可行的，应考虑采取替代行动，以最大限度地降低损坏燃料组件的可能性。

3.5.2 美国 Fort Calhoun 核电厂燃料组件在转运中跌落

事件描述：2003 年 9 月 23 日，美国 Fort Calhoun 核电厂因一位承包商人员的操作失误，一个乏燃料组件在搬运到存储地点时从约 0.67 m 的高处落下。在扣紧棘爪机构时，紧固销没有搭牢，使得棘爪在移动时松开了燃料组件。组件跌落后靠在了乏池壁上，垂直倾斜 12°角。该组件原本是要回装到堆芯中去的，但在跌落时遭到了损坏，同时损坏的还有 4 个燃料储存单元。

事件原因：涉事的承包商人员是第一次在该厂工作，但是在为换料而进行的培训中，没有要求他像正式员工那样展示如何正确使用工具。造成该事件的原因包括培训不足、自查和验证程序缺失、承包商活动监管不力和以往经验应用不足等。

3.5.3 法国 Dampierre 核电厂 4 号机组燃料装载错误

事件描述：2001 年 4 月 2 日，在 Dampierre 核电厂 4 号机组堆芯装料过程中，换料人员接班后开始装载第 24 组燃料组件时发生了顺序错误。在接下来的 113 组燃料组件装料期间，该错误一直没有被发现。由于装料过程未按计划的换料方案执行，所以出现了非对称现象，导致次临界裕度减小。最坏的情况是，如果换料全部完成，可能发生未经监测的临界状态。

事件原因：没有遵守程序、读数困难，以及交接班时班组之间的交流不够。

3.5.4 美国 Waterford 核电厂 3 号机组燃料组件倾倒

事件描述：1997 年 4 月 28 日，在美国 Waterford 核电厂 3 号机组，一组新的燃料组件在从乏池转运到燃料处理厂房的翻料机时，从燃料处理机上掉了下来。燃料组件下落了大约 15.25 cm，最后停留在乏燃料储存格架上，上端部靠在乏池南面的池壁上，大约倾斜了 40°，占据了格架上的 4 个空格。

事件发生后，核电厂进入了正确的异常事故响应流程，同时采取了恰当的行动。除有一组组件掉落外，其余组件均放在了安全位置，燃料操作中止。

事件原因：根本原因是人为失误。促成原因包括燃料操作设备自检不足、操作规程缺乏验证、操作人员技术和运行经验不足、乏燃料操作设备定向性差等。

3.5.5　苏联 During 核电厂 2 号机组卸料过程中发生燃料损坏

事件描述：1992 年 6 月 29 日，苏联 During 核电厂 2 号机组大修期间，操作人员将燃料组件从堆芯的 9-20 位置运送到乏池。由于操作人员错误操作装卸料机，导致燃料组件在未上升到转运位置的情况下被移动，与反应堆法兰相撞造成损坏，燃料组件头部沿着垂直轴弯曲了 8°～10°，两个定位格架损坏。随后，操作人员将燃料组件提升到规定高度后转运至乏池，但由于组件变形，无法插入乏池格架中，因此将燃料组件重新转运至堆芯，试图放入堆芯的 03-30 位置，但是也没有成功。

事件原因：分析事件的根本原因，一个是设计缺陷，在换料期间切换不同技术保护装置时可能会出现人为失误，对于处于不可移动位置的燃料组件，装卸料机没有自动联锁阻止功能；另一个是运行管理缺陷，在换料时对人员行为缺乏充分的监督，人员培训不足，操作程序不当。

纠正行动：将受影响的燃料组件装入乏池中的密封容器中；确保电视监控系统的运行性能；为装卸料机提供额外的保护和联锁功能；更新运行人员操作指南。

3.6　其他事件

3.6.1　德国多机组 AREVA HTP 型燃料组件的压紧弹簧断裂共性问题

事件描述：AREVA HTP 型燃料组件上管座上装有 8 个压紧弹簧，由弹簧螺钉固定在钢导管中。2012 年 3 月，Brokdorf 核电厂对乏池中的 AREVA HTP 型燃料组件进行维修时，发现一个燃料组件的压紧弹簧断裂。进一步检查发现，还有 2 个压紧弹簧损坏。随后对来自同一批次的 7 个辐照过的燃料组件进行检查，发现每个燃料组件中至少有一个弹簧损坏。对同一批次的 4 个新燃料组件进行检查，没有发现进一步的损坏和明显的材料缺陷。通过核查 2011 年第 23 次换料大修的电视检查记录，发现有 5 组燃料组件存在类似的弹簧断裂。核电厂随即停堆卸料，对第 24 循环的 130 组燃料组件进行检查，其中包括 72 组 AREVA HTP 型燃料组件，仅在 AREVA HTP 型燃料组件上发现压紧弹簧断裂。受影响的第 1 循环和第 2 循环燃料组件的压紧弹簧使用的线材批号主要涉及 328518 号（192 个弹簧中的 102 个）、240719 号（64 个弹簧中的 16 个）和 341246 号（288 个弹簧中的 1 个）。在同一燃料组件上检测到的弹簧断裂多达 8 处，分布在不同的压紧弹簧上，其中个别压紧弹簧发生 3 次断裂。相关压紧弹簧由镍合金 X-750 制造。

根据 Brokdorf 核电厂的发现，Grafenrheinfeld 核电厂于 2012 年 5 月换料期间对 34 组 AREVA HTP 型燃料组件进行了检查，其中 14 组使用了来自线材批号 328518 号和 240719 号的压紧弹簧，在 2 组燃料组件上检测到单个压紧弹簧断裂，没有在使用 341246 号和其他线材批号的弹簧上发现问题。

事件原因：通过目视检查、断口分析、涂层分析和金相分析，认定弹簧断裂是由弹簧内径处的晶间应力腐蚀开裂引起的。与锆合金导管相比，使用钢导管燃料组件的压紧弹簧需要有更高的初始弹簧压力，以补偿整个使用寿期内的松弛。因此，受影响弹簧的运行应力略低于所用材料的许用应力（485 MPa）。使用锆合金导管的燃料组件，弹簧应力可能较低，因为压紧弹簧的松弛部分被导管的辐照生长补偿，而钢导管则没有明显的辐照生长。受影响的弹簧显示出表面粗糙化和晶间表面腐蚀，最大深度为 20～35 μm，这是在线丝制造过程中造成的。对表面沉积物的分析没有发现存在任何促进腐蚀的污染。

纠正行动：①不再使用由涉事线材批号制成的压紧弹簧；②为防止功率运行过程中其他线材批号的压紧弹簧进一步损坏，编制检查大纲，对配有钢导管燃料组件的核电厂的压紧弹簧进行检查；③为避免类似缺陷，对燃料组件压紧弹簧的设计和制造规范进行优化，涉及弹簧的应力、材料、制造工艺和表面光洁度的规格说明。

3.6.2 德国多机组西屋燃料组件的压紧弹簧断裂共性问题

事件描述：2017 年 5 月，德国 Emsland 核电厂在换料大修期间的定期检查中，发现一个压紧弹簧断裂。受影响的压紧弹簧由镍合金 X-750 制成，组装在西屋公司生产的 18×18 的燃料组件中。随后，对所有计划继续使用的西屋燃料都进行了检查，发现另外 2 组燃料组件上各有一个断裂的压紧弹簧。这些发现仅限于“KKEe22”批次的燃料组件。这是西屋公司在时隔许久后首次重新向 Emsland 核电厂供货。相关燃料组件已在堆内至少经历三个循环。在西屋公司向 Emsland 核电厂供应的其他批次燃料组件中没有发现异常。西屋燃料组件的压紧功能是由外弹簧和较小的内弹簧组合实现的。到目前为止，弹簧断裂仅限于外部弹簧。所有“KKEe22”批次燃料组件的外部弹簧都是在 2011—2012 年由 0000013180 线材制造的。

Grohnde 核电厂根据 Emsland 核电厂的经验反馈，在运行期间对乏池中储存的西屋 16×16 燃料组件进行了检查，发现 3 个燃料组件中各有一个由 X-750 镍合金制成的外层压紧弹簧断裂。该发现仅限于供货批次为 WSE/02/12 的 40 组燃料组件。根据供应商西屋公司的文件，本次交付的 20 组燃料组件，包括 3 组受影响的燃料组件，均配备了来自同一线材批次（0000013180）的外部压紧弹簧，这批线材在 Emsland 核电厂被确定为存在明显缺陷。对西屋公司供货的其他燃料组件也进行了检查，没有发现任何缺陷。

事件原因： 2011—2012 年西屋公司交付的一批线材未发现有制造缺陷。事实上，由于分包商对制造工艺进行了修改，燃料交付核电厂之前进行的渗透检测（PT）未能发现缺陷线材的裂纹或裂缝。根本原因尚在调查中。

纠正行动： ①在机组新燃料元件中安装防碎屑过滤器；②检查乏池，包括其底板，寻找脱落的上端塞；③制定燃料元件维修程序，在维修前的注意事项中提及与燃料元件目视检查有关的项目，并详细检查上端塞；④实施异物排除程序；⑤制定程序，规定故障燃料元件的维修截止日期。

3.6.3　匈牙利 Paks 核电厂燃料组件在清洗过程中遭到严重损坏

事件描述： 2003 年 4 月 10 日，匈牙利 Paks 核电厂在反应堆容器外清洗燃料组件的过程中，有 30 组辐照过的燃料组件遭到严重损坏。在清洗完第 4 批高衰变热燃料后，由于未及时拆卸清洗容器盖，使清洗系统出现了意料之外的配置。在这样的配置下，变弱的冷却水流无法为燃料提供足够的冷却功能，而承包商的操作人员也没有意识到这一点。这种情况持续数小时后，清洗容器内产生了蒸汽，导致燃料裸露。在卸掉容器盖后，冷却水突然涌入造成温度骤变，在很短时间内出现了裂变产物气体进入反应堆厂房以及厂区外废气排放超出管理限值的情况。燃料组件结构遭到大面积损坏，燃料包壳脱落，燃料芯块散落在清洗容器的上下支撑板上。

事件原因： 缺乏对承包商人员的有效监督，未制定有关的操作程序。

第4章 燃料破损机理

随着全球核工业的不断发展、核电厂运行经验的不断积累，以及对燃料破损事件认识的不断深入，国际上普遍认为，燃料棒的破损机理主要包括格架与燃料棒的振动磨蚀、异物磨蚀、腐蚀和积垢、芯块-包壳的相互作用、制造缺陷、一次氢化、辐照生长、应力腐蚀开裂、围板射流等。本章将择要介绍。

4.1　格架与燃料棒的振动磨蚀

格架与燃料棒的微振磨蚀（Grid-to-Rod Fretting，GTRF）一直是压水堆燃料棒破损的主要机理之一。主要原因是格架对燃料棒的夹持力不足，或是流道间横向流导致的流体激励作用引起超出设计预期的燃料棒振动，最终导致燃料棒磨蚀穿孔。

燃料组件中的燃料棒通过一组结构化的间隔格架被分离并保持在垂直位置。一些格架设计使用弹簧和止动器的组合来支撑燃料棒，而另一些设计则仅使用弹簧，在格架的整个高度上与燃料棒保持线接触。一些格架还设计有弯曲的搅混叶片，以增强流动搅混。在核电厂运行期间，燃料棒可能会对弹簧和止动器产生相对振动。振动频率、振幅和力的方向因机组和堆芯内的位置而异。相对振动引起的燃料棒微振磨蚀会导致包壳破损。图 4-1 为格架接触处发生的格架与燃料棒的微振磨蚀示例。

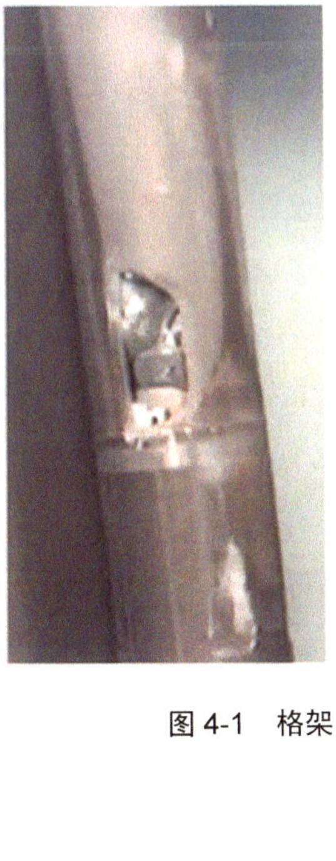

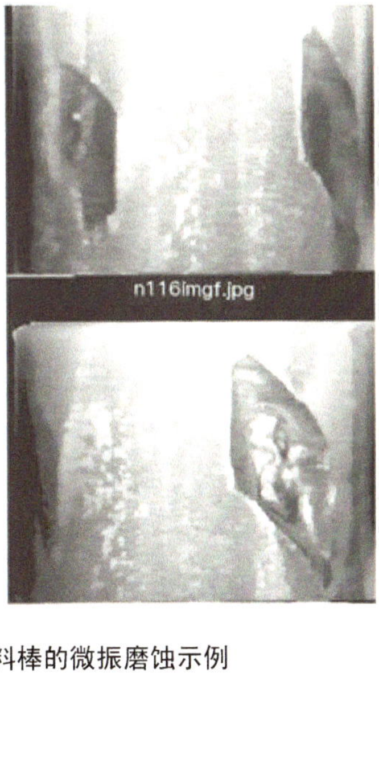

图 4-1　格架与燃料棒的微振磨蚀示例

许多压水堆都经历过 GTRF 燃料故障。从 20 世纪 70 年代到 21 世纪初，连续出现了严重的 GTRF 故障，美国压水堆 70%～80%的燃料故障机理是 GTRF。在早期某个时期内，平均每年约有 40 组燃料组件因 GTRF 而发生故障，而近年来发生的 GTRF 故障很少。GTRF 故障率的降低归因于：①围板的修改，降低了堆芯外围交叉流的严重程度；②引入了更先进的燃料，如西屋公司的 RFA 和 RFA2，以及阿海珐的 HTP 等。随着核电厂普遍采用抗 GTRF 设计，预计 GTRF 故障率将进一步下降。

近十年来，随着核电站采用低泄漏堆芯设计，GTRF 故障对核电站放射性污染和运行的影响也有所减少。在这种设计中，通常只有第 3 循环燃料组件被放置在靠近围板的堆芯外围的低功率位置处。围板位置处第 3 循环低功率燃料组件的典型 GTRF 故障的表征通常是惰性气体同位素增加了 1～2 个数量级，但碘或氙同位素的释放很少或没有检测到。

4.1.1 格架设计演变

格架设计因供应商而异，其共同目标是减少燃料棒活动、降低压降和增加热裕度。格架结构中的弹簧和止动器通过点或线的接触来控制燃料棒的活动。添加了搅混叶片以加强流量混合。穿过格架的高速流将经历压降，高速流与格架的相互作用将在格架上产生力的作用，这可能会导致格架和控制棒产生局部湍流与振动。

西屋公司和阿海珐最初使用 Inconel 合金格架，从 20 世纪 80 年代末开始，在燃料组件中的格架改用锆 4 合金材料，底部格架和多数顶部格架仍由 Inconel 合金制成，以保持燃料棒的足够夹持力。一些供应商在添加搅混叶片的同时引入了 Zircaloy-4 格架，尽管搅混叶片也可能用于一些早期的 Inconel 格架设计中。

ZIRLOTM 和 M5 现在分别在很大程度上取代了 Zircaloy-4，作为西屋公司和阿海珐燃料的燃料包壳和格架结构材料，尽管一些机组继续使用 Zircaloy-4 包壳。西门子电力公司（SPC，现为阿海珐的一部分）以前使用由 Zircaloy-4 主体和因科镍合金弹簧组成的双金属格架。在某些设计中，由于堆芯泄漏率较低、循环周期较长、燃耗较高，导致包壳表面温度升高和出现过冷沸腾，因此，有必要添加搅混叶片。弯曲的搅混叶片在格架侧条上方局部延伸，从向上方向重新引导冷却剂流动，从而加强燃料棒表面的流动搅混和散热，并改善偏离泡核沸腾（DNB）裕度的情况。

所有 Inconel 格架中的 GTRF 故障通常发生在底部格架（通常是由装配或制造过程中的底部格架损坏引起的）或具有最高横流的位置上，而锆合金中间格架的故障在 20 世纪 90 年代后变得更加普遍。GTRF 故障需要考虑三个主要因素：①相对运动或振动的来源；②在反应堆运行条件下，Zr 合金包壳对格架部件材料（Zr 合金或因科镍合金）的磨损特性；③辐照对包壳蠕变和弹簧松弛的影响，这可能会降低燃料包壳上的弹簧力，或增大包壳和格架之间的间隙。通常，Inconel 格架预计将保留大部分弹簧力，而 Zr 合金格架可能会因辐照下的蠕变和生长而经历应力松弛。目前还没有足够的研究数据来充分评估上述三个因素的影响。

4.1.2 GTRF 故障特征

大多数 GTRF 故障发生在堆芯围板周边的燃料上，其中交叉流是由某些围板设计特性造成的，在较小程度上是由堆芯的径向流速变化造成的。

除由围板设计问题（围板射流）引起的堆芯外围横流诱导的 GTRF 故障外，由于燃料组件设计特性、辐照效应和围板附近的横流的结合，堆芯外围位置也发生了许多 GTRF 故障。另外两种不同的 GTRF 故障主要由以下因素引起：反应堆容器下部内部构件设计导致的湍流，以及格架搅混叶片引起的额外振动。根据导致燃料故障的主要因素，GTRF 故障分为以下 4 类：①围板射流引起的 GTRF 故障；②堆芯外围 GTRF 故障；③下腔室流量异常引起的 GTRF 故障；④搅混叶片和其他格架设计问题引起的 GTRF 故障。

4.1.3 围板射流引起的 GTRF 故障

大多数压水堆机组最初设计有围板，围板上有矩形槽和 LOCA 孔，冷却剂可以通过这些槽和孔流动。面对围板上孔和槽的燃料棒会经历明显的横向流和磨蚀损伤。出现围板射流故障的燃料棒往往处于围板附近的组件外围。在某些设计中，由于导向套管使冷却剂流动方向偏转，故障往往发生在靠近围板的外侧两排。

通过改进围板减少了横向流和围板射流。另外，一些西屋机组将围板和堆芯吊篮之间的冷却剂流动方向从向下改为向上，也大大减少了横向流问题。

4.1.4 堆芯外围 GTRF 故障

GTRF 故障通常涉及堆芯外围的高燃耗燃料，即使在围板射流基本消除后也是如此。此类破损燃料棒的位置不是上述围板射流 GTRF 故障的典型位置。故障位置模式与格架设计特性相关联。例如，西屋公司的两台压水堆发生了位于组件两排特定位置的控制棒的故障，似乎是由搅混叶片的影响造成的。另一个采用类似燃料组件设计的机组，其破损燃料棒在组件中随机分布，这是由燃料棒格架的设计造成的。不同核电厂的燃料包壳对格架的磨损情况也存在差异。例如，有些核电厂的穿透磨损主要发生在止动器上，而另一些则发生在弹簧接触处。

与组件设计相关的 GTRF 故障主要发生在堆芯外围，这与低泄漏堆芯设计和可能存在较高横向流的外围流动条件有关。大多数压水堆现在只在低中子泄漏设计模式下将高燃耗、低功率燃料组件放置在堆芯外围。较高燃耗的燃料通常更容易受到 GTRF 的影响。此外，较高的燃耗燃料可能会积聚更多的辐照引起的 Zr 合金蠕变和生长，这可能会降低燃料棒上格栅的夹持力，或增大燃料棒和格栅之间的间隙，导致燃料棒更容易振动。近些年，抗 GTRF 栅格的设计似乎已经克服了大多数压水堆中的这种 GTRF 失效。

4.1.5 下增压室流量异常引起的 GTRF 故障

从 20 世纪 90 年代中期到 21 世纪初，一些使用 Vantage 5H 燃料的西屋四回路核电厂的多个燃料棒和组件在 Inconel 合金底部格架处发生了 GTRF 故障。在图 4-2 中，失效燃料棒的变色（白色）似乎是裂变产物的释放造成的。破损的燃料组件位于靠近堆芯中心区域的第 1 或第 2 循环燃料。振动是由堆芯底部附近涡流的形成和坍塌引起的，涡流可能源自反应堆容器下增压室中的异常流动混合。

图 4-2 下增压室流量异常导致燃料破损

4.1.6　由搅混叶片和其他格架设计问题引起的 GTRF 故障

在 20 世纪 90 年代首次引入搅混叶片后，与特定燃料设计相关的 GTRF 故障出现了显著增加。虽然格架栅元设计细节不易分析，但燃料检查数据有助于将燃料性能问题与某些格架栅元设计特性联系起来。

在一个案例中，西屋公司设计的 3 个反应堆首次引入了非原始设备制造商（OEM）的燃料设计和另一个供应商的搅混叶片。当大约 2/3 的堆芯重新装载了具有搅混叶片的燃料组件，其余组件是初始堆芯的非搅混叶片设计时，首次经历了 GTRF。带有搅混叶片的第 1 循环和第 2 循环燃料发生了故障，但初始堆芯非搅混叶片燃料没有发生故障。虽然供应商决定通过增加弹簧力来补救 GTRF 故障，但在整个堆芯装载了新搅混叶片设计的组件后，却发生了更严重的 GTRF 故障。检查结果显示，燃料棒发生 GTRF 故障，Inconel 合金弹簧断裂卡在燃料棒之间，如图 4-3 所示。发现格架条带的磨损模式令人惊讶：面向东侧和西侧的条带发生了明显的微振磨损，但堆芯中心大多数组件面向堆芯北侧和南侧的条带显示出正常磨损。格架条带磨损模式表明，整个堆芯在南北方向上存在明显的组件振动。对格架设计的检查发现，间隔格架上的搅混叶片方向仅指向北方或南方，而不是东方或西方。这种单向搅混叶片设计是共振的主要来源，也是 GTRF 故障的根本原因。

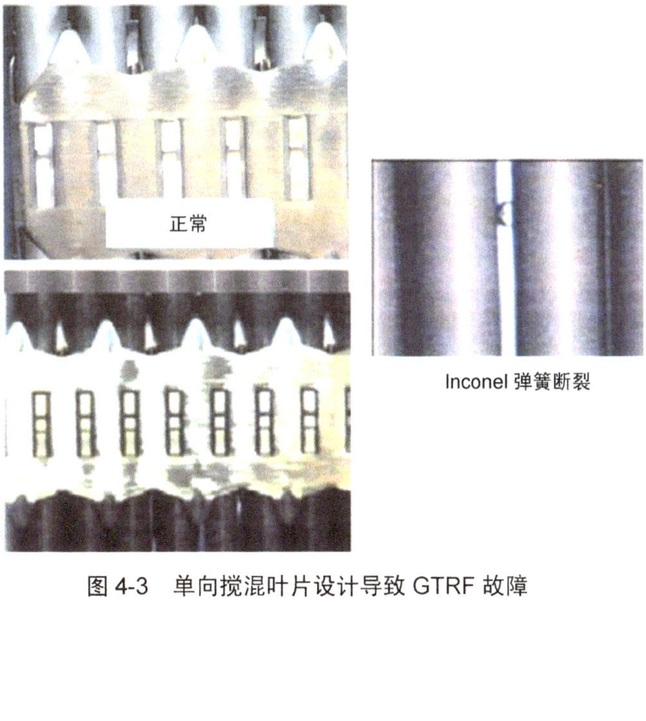

图 4-3　单向搅混叶片设计导致 GTRF 故障

另一个案例涉及 20 世纪 80 年代末首次引入的燃料设计，该设计具有搅混叶片和对角线弹簧。这种设计在许多压水堆上的 GTRF 故障率高于之前的无搅混叶片设计。这种格架设计造成的典型磨损模式如图 4-4 所示。某些采用 CE 和 B&W 设计的 NSSS（核蒸汽供应系统）堆芯使用了这种格架设计，其中一些燃料组件在第 1、第 2、第 3 循环中出现故障。虽然振动源尚不清楚，但分析表明搅混叶片设计与这些装置中的特定流型不兼容可能是导致燃料棒和/或燃料组件振动的原因。还有人认为，格架栅元设计可能没有提供足够的控制棒加持力。

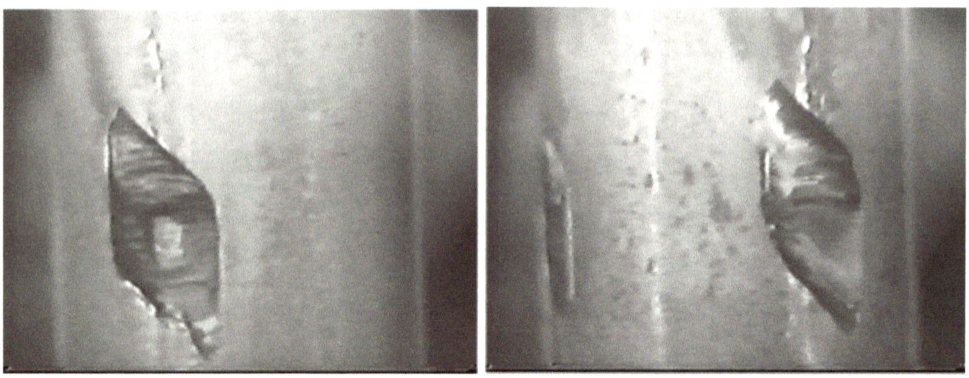

图 4-4　锆合金中间格栅中控制棒与水平止动器和对角弹簧接触的 GTRF

4.1.7　GTRF 测试和微振磨蚀机理

抗 GTRF 设计已在许多以前易受 GTRF 影响的核电厂中成功应用。对于未来的设计变更，在部署前应进行充分的流量分配和振动测试。最小化 GTRF 的一个特别重要的方法是通过测试确保任何新的格架设计特性都不会增加格架和控制棒之间的相对振动。

一个尚未被充分理解且值得进一步研究的重要问题是，在反应堆运行条件下，锆合金包壳对格架材料的磨损特性。如上所述，Zr 合金包壳的穿透磨损可能发生在与 Inconel 718 或 Zr 合金弹簧和止动器接触时。即使合金成分略有不同，Zr 合金包壳和格架也应具有相似的硬度，Inconel 合金应比 Zr 合金更硬，但比氧化锆更软。因此，燃料包壳的磨损行为不仅与接触材料的相对硬度有关，也可能与格架接触力、相对运动（频率和振幅）和辐照引起的弹簧松弛有关。很少有研究可以阐明压水堆环境中锆合金的磨损特性。GTRF 的另一个重要影响因素是，燃料包壳在热辐照和辐照作用下发生了缓慢变形，而

Zr 合金在辐照作用下发生了松弛。普遍认为，锆合金弹簧和止动器的蠕变和松弛可能会导致格架栅元内的燃料棒更自由地活动和振动。辐照诱导材料特性的细节也可能需要额外的评估。

4.2　异物磨蚀

异物磨蚀一直是沸水堆和压水堆燃料破损的主要机理。主要原因是一回路中各种类型的异物在燃料棒间滞留造成包壳磨蚀穿孔。自 20 世纪 90 年代以来，由于异物控制的改进和防异物燃料设计的应用，异物磨蚀的故障数量逐渐减少。近些年，其他原因导致的燃料破损数量持续下降，异物磨蚀导致的故障数量趋于平稳。异物磨蚀目前是压水堆燃料故障的主要原因。鉴于核工业界继续强调消除所有燃料故障，异物引发的故障再次受到关注。

任何可能进入燃料棒束的异物，无论是在迁移过程中通过底部、在换料活动中通过顶部，还是在制造过程中的任何位置，都有可能卡在燃料棒束内。被困在管束内的异物会磨损燃料包壳，最终导致穿透包壳。燃料包壳磨损的可能性通常与以下因素有关：

①异物的硬度（硬度低于锆合金包壳的异物对燃料包壳的磨损较小）；

②燃料暴露（暴露的燃料有一层薄薄的氧化物涂层，其硬度大约是锆合金包壳的两倍）；

③异物的大小和形状（大小和形状决定了异物进入管束的程度以及由此产生的磨损将发生在哪里）。

异物对燃料包壳的作用力可能导致磨损或碎裂。主冷却剂携带的异物会从底部进入燃料组件。图 4-5 为由大型金属碎片引起的燃料故障示例。在实施了包括异物过滤器和延伸到或穿过下格栅的较长底端塞在内的多项措施后，较大的异物可能会被底部喷嘴捕获，或者被固体端塞卡住。其他一些异物，如长金属线、弹簧或夹在防异物设备中的柔性垫片，仍可能侵入燃料棒的下部造成损坏，如图 4-6 所示。随着燃料组件设计的改进，近年来发现导致燃料故障的大多数异物都是小金属线。小金属线可能被其中一个间隔栅格（通常是底部栅格）夹住，导致燃料故障，如图 4-7 所示。在燃料检查过程中，通常不会发现金属丝碎片。图 4-8 展示了核电厂中发现的一些典型异物。

图 4-5　金属异物导致的相关燃料破损

图 4-6　弹簧状异物导致的燃料破损

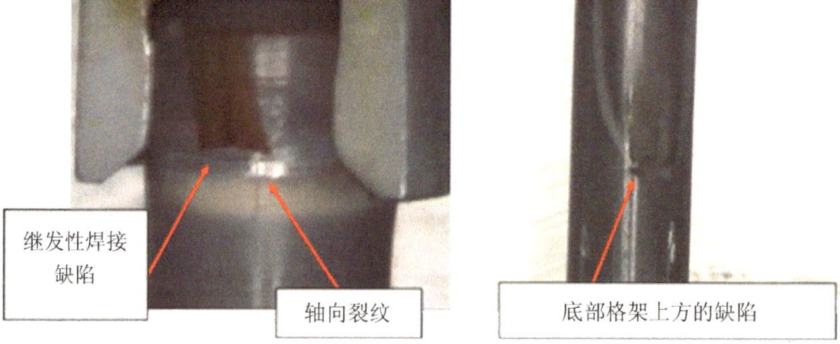

图 4-7　底部第一格栅上方的异物相关燃料缺陷和上端塞处的氢化

图 4-8　在 LWR 中发现的异物示例

图 4-9 为典型的异物磨蚀造成的破损燃料棒。在格栅上方可以看到包壳中的一个小孔。与大多数异物磨蚀情况一样，在池边检查中没有发现引起磨蚀的金属丝异物。

图 4-10 显示燃料棒之间存在小金属丝异物的罕见证据。

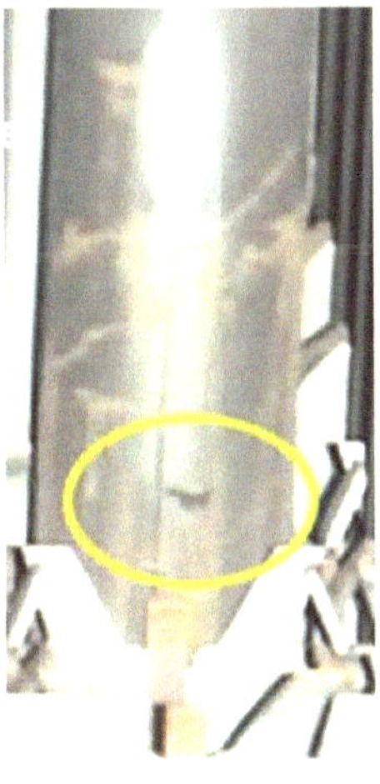

图 4-9　异物磨蚀示例

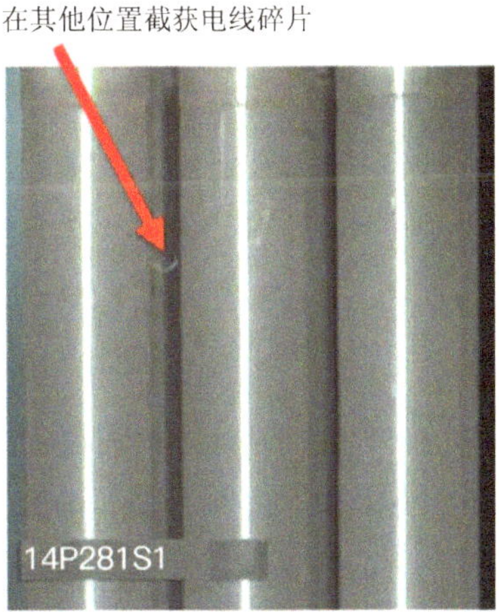

图 4-10　金属丝异物示例

异物磨蚀故障大多发生在第 1、第 2 和第 3 循环燃料中。超过 80%的异物磨蚀故障发生在启堆后的前 100 天。

缓解异物磨蚀故障的主要措施包括实施各种异物过滤器的改进，并在换料停机或其他主冷却剂系统维护作业期间将异物排除在反应堆主冷却剂系统之外。虽然没有一种异物过滤器是100%有效的，但有几种设计在这方面表现出了良好的性能，主要包括以下设计：

①异物过滤器底部喷嘴，流板上有一排小钻孔；

②底部喷嘴采用薄的小网过滤板；

③底部喷嘴采用紧密排列的平行 V 形板，增强异物捕获能力；

④延伸至最底部间隔栅元上方的下端塞；

⑤预氧化处理包壳部分，使表面硬化，防止磨损。

提高防异物性的另一个有前景的设计是镀铬燃料棒包壳，目前正在进行验证。

根据目前可用的设计改进，燃料仍然容易受到短直径金属丝的异物磨蚀的影响。由于很难过滤掉所有进入燃料组件的异物，因此核电厂管理层实施严格的防异物管理以防止碎片进入反应堆系统是必要的。

4.3 腐蚀和积垢

抗腐蚀性能是燃料棒锆合金包壳在压水堆中长时间使用的主要限制因素，主要原因是包壳因腐蚀生成氧化膜而使壁厚逐渐变薄，并提高金属与氧化膜界面的温度从而进一步加速腐蚀，形成恶性循环，最终因包壳强度不够而引起燃料棒破损。

然而，为了提高燃料的经济性，核电厂希望能使用更高燃耗的燃料，因此开发了先进的包壳材料，以满足高燃耗燃料的应用需求，如 AREVA 公司的 M5、西屋公司的 ZIRLO 合金。一般情况下，除不利的水化学条件或局部垢沉积引起的过度腐蚀外，腐蚀引起的燃料破损比较少见。在压水堆中大多数的破损是不利的水化学条件、垢致腐蚀或其他综合作用带来的结果。

自 20 世纪 80 年代初开始添加氢氧化锂以控制压水堆一回路冷却剂的 pH 以来，美国已经确认发生了 4 次积垢引起的腐蚀故障。这些故障发生在 1995 年（TMI-1）、1997 年（SEAMROWK）、2000 年（Palo Verde-2）和 2005 年（Calvert Crffs-1）。在实施 pH/锂控制措施之前，Maine Yankee 核电厂是最后一个发生包壳腐蚀故障的核电厂（1979 年）。

积垢引起的包壳腐蚀失效有几个共同特征：

①积垢和包壳损伤仅发生在燃料上部空间，此处最有可能发生最高包壳表面温度和过冷沸腾。

②包壳腐蚀处及其周围，通常可以看到深色积垢沉积物和/或白色氧化锆。

③积垢损伤通常仅限于第一个循环的高功率棒。

4.4 芯块-包壳的相互作用

芯块-包壳的相互作用（PCI）是指燃料棒中的芯块与燃料棒包壳发生接触后，在机械和化学作用下导致燃料棒包壳开裂。

机械相互作用会引起包壳管长度和直径的变化，并使包壳管在芯块间的界面处形成环脊。燃料棒在出厂时，芯块与包壳间留有间隙。运行初期，芯块与包壳各自按其热膨胀系数伸长，但不久芯块由于热应力开裂，使间隙变小，到一定燃耗，芯块与包壳发生接触。此时，由于芯块热膨胀量大，使包壳承受拉应力，包壳对芯块的作用力又使芯块进一步开裂。当包壳与芯块贴紧的摩擦力足够大时，包壳就会随芯块一起轴向伸长。此外，燃料芯块初始是圆柱体，在温度梯度下，芯块中心温度明显高于外围，因此，芯块发生热膨胀变形而呈沙漏状，当芯块与包壳贴紧后，燃料棒外观可见环脊。环脊位于两个芯块界面上，此处是包壳应力最集中的地方，易发生破裂。

侵蚀性裂变产物与包壳材料产生化学相互作用会引发包壳腐蚀和应力腐蚀开裂。

4.5 制造缺陷

制造缺陷导致的破损主要原因是端塞缺陷、焊接缺陷、包壳蠕变坍塌、缺失芯块表面（MPS）等。

制造缺陷导致的破损通常发生在燃料棒入堆运行后的早期阶段，可能会在运行数月或数年后才发生故障。考虑到制造的大量芯块以及制造、检查和装载到燃料棒中所需的处理量，芯块质量是一个特别具有挑战性的领域。提高芯块表面质量和消除 MPS 诱导的 PCI 是制造环节中越来越关注的工作，对燃料供应商的严格质量控制和燃料用户的密切监督提出了更高的要求。

4.5.1 端塞焊接缺陷

将端塞连接到燃料包壳管的最常见技术是钨极惰性气体焊（TIG 焊接）。TIG 焊接通常在低压下进行，TIG 焊接会产生相对较大的熔合区和热影响区，偶尔可能会受到空气污染和合金偏析（特别是 Cr）的影响。端塞焊接的另一种技术是电子束（EB）焊接。如果端塞焊接是在低压下通过 TIG 或 EB 进行的，通常需要在端塞上开一个小回填孔，用惰性气体回填。该孔必须再次通过 TIG 或 EB 焊接封闭，通常称为“密封焊接”。

近些年，一些供应商引入了电阻焊接。高压电阻焊接消除了单独的回填孔和密封焊缝，但通过 X 射线或超声波等无损检测进行检查可能更具挑战性。总体来说，近年来端塞焊接缺陷的发生频率较低。

4.5.2 密封焊缝缺陷

在早期的许多燃料设计中，燃料棒的顶端塞设有一个小孔，该孔可以是水平的或呈 90° 弯曲，以便在通过焊接密封填充孔之前用氦气填充气体对燃料棒加压。经验表明，在这些燃料设计中，填充孔的焊缝缺陷会导致独特的故障，并具有非常稳定的放射性释放趋势。

近期，许多燃料设计将上端塞焊接到高压室中的燃料包壳上，如采用超声波焊接（USW），从而消除了使用带填充孔的端塞的必要。

4.5.3 包壳蠕变坍塌

燃料棒包壳蠕变坍塌是燃料棒失效的主要原因之一。在压水堆运行过程中，有限长包壳管在堆内严苛的高温—辐照—外压作用下，因蠕变会逐渐向内变形，使得有限长包壳管被压扁，最终导致有限长包壳管蠕变坍塌，失去其承载能力，影响反应堆运行安全，如图 4-11 所示。该过程可能是由于在制造过程中在包壳中引入椭圆度或制造误差所致。由于蠕变与时间有关，因此在达到高燃耗之前，通常不会发生完全坍塌。

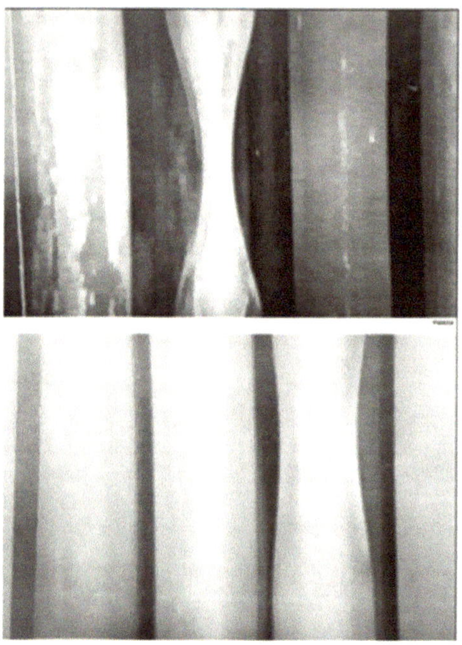

图 4-11 包壳坍塌

4.5.4　燃料芯块外观表面缺陷

燃料芯块外观表面缺陷（MPS）可能发生在芯块制造、运输和装入燃料包壳的过程中。21 世纪初期，对一些失效的压水堆燃料棒进行热室检查发现，在燃料芯块表面缺陷的位置，包壳发生了 PCI 型和氢化物诱导的开裂。MPS 引起的与负载相关的故障，如图 4-12 和图 4-13 所示，分别是一种 PCI 类型和一种氢化物引起的失效，MPS 可能是早期故障的一个因素，特别是在沸水堆中，但只能通过热室检查确认。

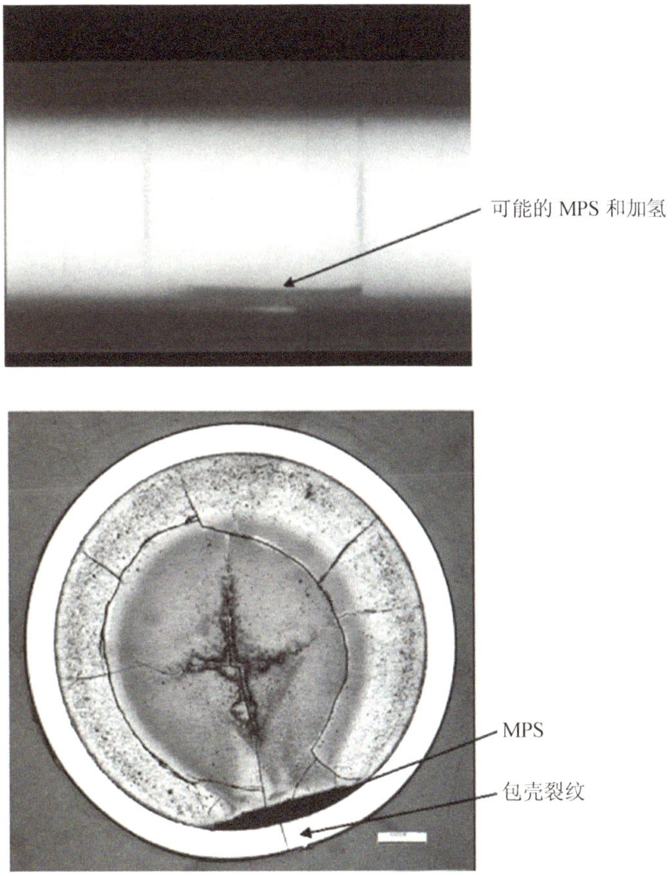

图 4-12　压水堆燃料棒 PCI 型负荷的相关失效

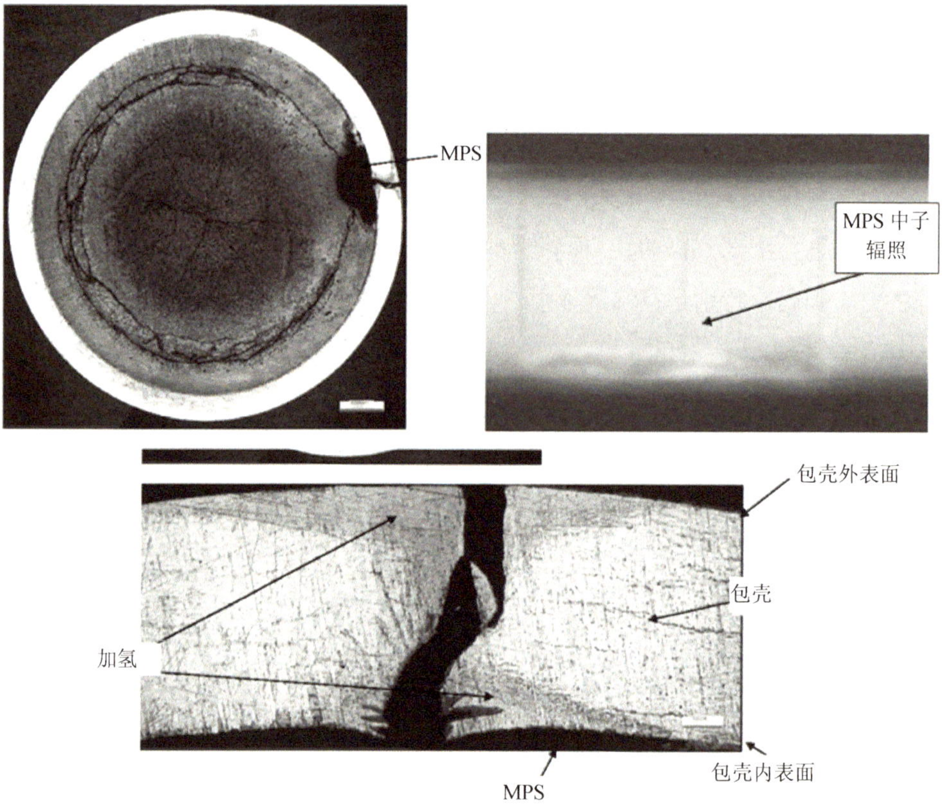

图 4-13 压水堆燃料棒外表面氢化物引发的与负荷相关的失效

芯块碎裂通常发生在芯块的末端附近。制造商已经实施了更严格的过程控制、装载和改进的检查。燃料供应商通过限制允许的 MPS 尺寸，以减轻 MPS 对燃料可靠性的影响。

4.6 一次氢化

燃料包壳的一次氢化是 20 世纪 60 年代和 70 年代沸水堆和压水堆的主要燃料故障原因之一。在制造过程中，燃料棒内无意中包含的含氢材料可能会导致 Zr 合金包壳氢化，从而导致燃料失效。氢的来源可以是燃料芯块吸附的水分（通常具有 4%～6%的孔隙率）、燃料包壳内表面的水分，或生产线设备上油脂或机油润滑剂等来源对芯块、增压弹簧或端塞的零星污染。芯块湿法研磨是导致水分污染的主要因素之一，大多数供应商已成功转向干法研磨。

燃料包壳的严重氢化会导致各种形式的包壳缺陷，包括局部氢化产生的孔洞、表面剥落、端塞氢化以及包壳轴向和周向裂纹。图 4-14 是一个在循环早期因一次氢化而失效的燃料棒的示例。由于这些照片是在初始故障后经过一个完整周期运行拍摄的，因此燃料棒因二次氢化而严重退化。

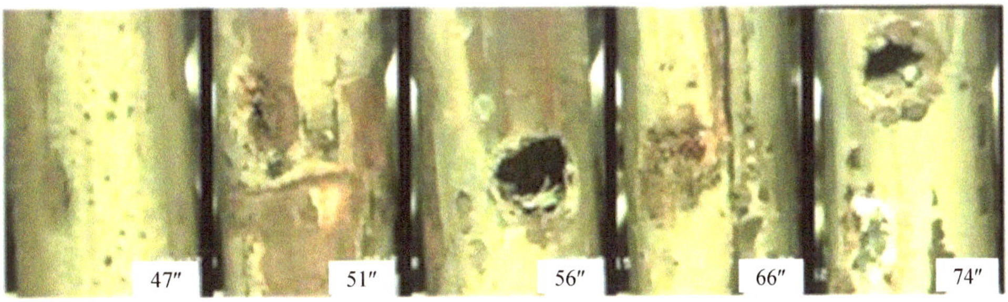

图 4-14　第一个循环失效燃料棒在不同轴向位置的严重氢化

燃料供应商通过改进工艺来消除内部氢源。这些工艺包括烧结时间和温度优化，芯块成型化合物改进以排除杂质，干磨、湿磨后的芯块干燥，芯块和包壳在将芯块装入包壳前后防止水分侵入和冷凝，燃料棒装载前的芯块温度控制以及芯块装入包壳后的热脱气等。

由于水分和有机物在包壳内表面后很容易蒸发并将氢气释放到燃料间隙中，因此一次氢化导致的燃料故障会在装料运行后的早期循环发生。当氢气与蒸汽或氧气的比例约增加到大于 100，或达到“缺氧”状态时，燃料包壳内表面上的氧化锆可能会局部失衡，氢气进入锆合金包壳的速率将增加。在氧化锆失去保护的局部位置或包壳的一定长度上，可能会发生快速的氢气吸收。局部氢吸收可能导致局部“太阳状”的形成，见图 4-15 中的示例。在热通量作用下，吸收的氢气将向包壳外表面迁移，形成氢化物边缘。氢化物会导致凸起、孔洞或裂纹的形成。

应注意的是，一些一次氢化可能是由于另一个制造缺陷（如焊接缺陷）造成的二次氢化损伤，焊接缺陷使得水在装料运行前进入，导致包壳氢化物快速损伤。由于故障燃料棒在故障状态下运行到循环结束后可能会严重退化，因此在大多数情况下，池边检查很难判别一次氢化和二次氢化损伤。

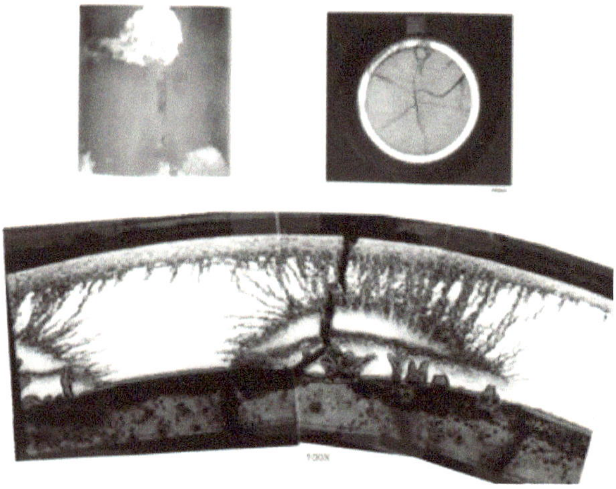

图 4-15　失效燃料包壳中的“太阳状”氢化物和氢化物边缘

根据经验，如果燃料棒在循环早期发生了故障，并且是带有大开口氢化物孔的高功率棒，则更有可能的是，燃料棒插入堆芯前已经存在气密性缺陷。如果预先存在缺陷，燃料棒的内部压力将大大低于正常棒，在系统加压和设备加热过程中可能会进水。这种情况称为“水涝”，可能会使燃料棒内产生大量氢气，导致严重的二次氢化降解。

燃料棒中只需要少量的水分就会造成氢化损伤。0.024 g 氢气或 0.214 g（mL）水可将长 1 cm、直径 1 cm 的 Zr 合金包壳完全氢化成 $ZrH_{1.6}$。0.13 g 氢气或 1.17 g（或 mL）水，可以在直径为 1.5 cm（0.39 in）的 10 in 长的充气室内产生 2 250 lb/in^2[①]或 158 个大气压的氢气分压。1.17 g 水足以将 5.4 cm 长的包壳转化为 $ZrH_{1.6}$ 的固体氢化物。实际上，在 Zr 合金包壳完全氢化成 $ZrH_{1.6}$ 之前，包壳就已经失效。这里的估计说明了水分和含氢材料对 Zr 合金包壳造成损坏的强大影响。事实上，满功率时燃料棒内的氢气可能不会集中在包壳的一个局部点上，部分氢气会在上端塞等地方被吸收。虽然足以造成包壳损坏的水分含量会有所不同，但很明显，可容忍的含水量可能远低于 200 mg。

确认故障是由一次氢化引起的并不容易，特别是如果只有一根燃料棒发生故障。如果是可追溯特定批次和制造时间的多个故障，则更容易确认主要氢化物故障，从而可以更集中地调查氢气进入的可能来源。

① 1 lb≈0.45 kg。

第5章 燃料破损监测、检查和评价

^{235}U 和 ^{239}Pu 等核素裂变产生的裂变碎片将经历几个β衰变。衰变过程中的短半衰期同位素通常会在芯块内转化为其他元素，而半衰期较长的同位素，如 ^{137}Cs，以及稳定的裂变产物和长半衰期的超铀核素，可能会积聚在燃料芯块内。当温度足够高时，一些裂变产物会从铀基质中扩散到晶粒内孔隙和晶界中。晶界中的扩散速度更快，因此一些裂变气体会被释放到裂纹中。部分惰性气体［如氙（Xe）和氪（Kr）］将从芯块外表面或芯块裂纹释放到芯块与包壳的间隙中，在包壳破裂时，裂变气体很容易释放到冷却剂中。

核电厂运行时通常是通过测量从燃料组件释放到冷却剂中的裂变产物活度跟踪监视燃料完整性，根据化学与放射化学技术规范的要求，评价堆中是否有破损的燃料组件。当冷却剂裂变产物活度数据表明可能存在燃料元件破损时，须开展漏损燃料组件检查，进一步定性和定量确定燃料组件破损程度、破口尺寸，甄别破损棒在燃料组件内所处的位置。

5.1 燃料完整性指标

美国制定有相应指标表征压水堆中燃料组件完整性。其中，裂变气体是使用最广泛、最可靠的指标。在大多数情况下，燃料故障很容易通过惰性裂变气体（如 Xe 和 Kr）的大量释放来识别，但在某些情况下释放量很小，很难确定故障。在这些情况下，需要进一步评估放射化学数据以做出决定。

燃料完整性指标如表 5-1 所示。表 5-1 中提供的每个指标都足以单独表征故障燃料的存在。但如果测量结果接近阈值时，有必要通过多个指标进行验证。此外，任何无法解释的指标重大阶跃变化都应视为燃料故障的可能迹象，应进行调查。

表 5-1 燃料破损的主要监测指标

指标	说明	失效阈值
^{133}Xe 活度阶跃变化	氙活度增加是燃料故障最可靠的指标	可能失效：$>2\times10^{-3}$ Ci/mL 确定失效：$>2.75\times10^{-3}$ Ci/mL
^{133}Xe 活度尖峰比	尖峰比率是通过将两周时间窗口内两个最高值的平均值除以疑似故障前的平均本底活度来计算的	可能失效：1.5～2 确定失效：≥2

指标	说明	失效阈值
惰性气体同位素斜率	同位素斜率，即与衰变常数相对应的归一化活度线的斜率，提供了一个绝对度量。斜率接近于零，表明没有燃料故障，负值表明存在燃料故障。过去的循环燃料故障可能会导致后续几个循环中出现轻微的负斜率。该指标可能会有滞后响应	可能失效：−0.15 变为−0.2 确定失效：变化＞−0.2 或斜率为负值＜−0.2
功率变化、停堆或降压期间的碘尖峰值	停堆时的碘尖峰值是燃料故障的可靠性指标。降功率或降压时可能会发生碘释放。建议通过降压持续监测 3 d	可能失效：^{131}I 尖峰值＞5
功率变化、停堆或降压期间的铯尖峰值	铯尖峰与碘尖峰相似。然而，如果最近的循环中有燃料故障，下一个循环在没有燃料故障的情况下也可能出现铯尖峰值	确定失效：^{134}Cs 或 ^{137}Cs 尖峰比＞10，如果尖峰比＜20，电厂在最近的循环中发生燃料故障，则不应成为唯一的决定因素

在首次出现燃料组件缺陷的情况下，由于燃料棒的内压低于一回路冷却剂的压力，水/蒸汽进入了破裂的燃料棒，通常会出现放射性同位素活度尖峰。水在接触到热的燃料芯块时会蒸发，导致棒的内压升高，然后蒸汽与裂变产物一起释放到冷却剂中。

在稳态运行期间，一些裂变产物，特别是碘和铯同位素，会在燃料包壳的内表面和包壳与芯块之间的间隙中析出。初始缺陷通常会导致氙，特别是 ^{133}Xe 活度的阶跃增加。INPO 对 29 起燃料破损事件研究发现，27 起包壳破裂的燃料棒都释放了明显量的 ^{133}Xe，且 ^{133}Xe 峰值比大于 1.5，^{133}Xe 活度趋势是衡量燃料包壳完整性的最有价值的指标，活度尖峰比定义为燃料包壳破裂后（一周或两周内）两个最高示数的平均值除以燃料包壳破损前的本底平均值。选择阈值 1.5 是因为它涵盖了大多数故障情况。

与之相比，Kr、I 和 Cs 的释放概率要低得多。燃料破损事件研究表明，只有一半和 1/3 的事件中发现在燃料破裂后两周内分别释放有明显的 ^{131}I 和 ^{88}Kr/^{137}Cs。

Kr 的裂变产额较低、半衰期较短，因此在燃料组件与包壳界面附近的放射性元素的存量较低，可能导致没有大量的 Kr 释放。Kr 在 UO_2 中的扩散系数非常小，为 10^{-19} m^3/s。在约 1 400℃时，扩散 1μm 需要几天时间，因此，在到达晶间边界之前，在燃料芯块内部产生的所有活性 Kr 同位素几乎均发生衰变。在燃料组件与包壳界面上，Kr 的存量很可能主要来自燃料芯块表面的反冲释放，许多燃料组件失效没有造成重大的 ^{85}Kr、^{87}Kr

和 ^{88}Kr 释放。

大约有一半的燃料组件破损事件中，在燃料组件失效后两周内出现了高活度的碘同位素。29 起燃料破损事件中有 16 起释放了半衰期 8.02 d 的 ^{131}I，其次是半衰期 20.8 h 的 ^{133}I，有 9 起事件。其中，在降功率或循环结束停堆期间碘尖峰最为显著。在循环结束时对碘尖峰进行监测是评估燃料组件失效的可靠手段。100%（11 起中有 11 起）的燃料组件失效事件显示在停堆期间出现了显著的 ^{131}I 尖峰。

需要注意的是，对放射化学数据的审查表明，一些压水堆如果每周仅对一次冷却剂进行采样，可能会在发生燃料包壳破裂时错过相对较小的 ^{131}I 尖峰。这可能是由于 ^{131}I 冷却剂活度受化容系统净化的影响。

5.2　燃料可靠性指标

燃料可靠性指标的目的是监测电厂为达到和保持燃料组件高度完整性方面的进展情况。燃料破损突破了阻止裂变产物释放的初始屏障，还对核电厂运营成本和业绩具有潜在的不利影响，并可能增加对工作人员的辐照风险。

世界核电运营者协会（WANO）的燃料可靠性指标（FRI-I）的定义为：稳定运行工况下，经游离铀影响及功率大小修正的，并归一化到净化常数后得到的一回路冷却剂中 ^{131}I 活度测量值。对于压水堆，如果 FRI-I 大于 5×10^{-4} μCi/g（1.9×10^{4} Bq/L），则表明燃料组件发生破损。但对于 FRI-I 值略高于阈值时，燃料组件是否失效的评估可能会存在一定偏差。

FRI 计算公式：

$$\mathrm{FRI}=\left[(A_{131})_{\mathrm{N}}-k(A_{134})_{\mathrm{N}}\right]\left[\left(\frac{L_{\mathrm{N}}}{\mathrm{LHGR}}\right)\left(\frac{100}{P_{\mathrm{O}}}\right)\right]^{1.5} \tag{5-1}$$

式中：FRI —— 冷却剂中 ^{131}I 的平均稳定活度，并经堆芯游离铀的修正，归一化到净化常数和 100%线功率系数；

$(A_{131})_N$ —— 冷却剂中 ^{131}I 的平均稳定活度，并归一化至净化率；

$(A_{134})_N$ —— 冷却剂中 ^{134}I 的平均稳定活度，并归一化至净化率；

k —— 0.031 8，游离铀的修正系数；

L_N —— 归一化的线功率系数，18.0 kW/m；

LHGR —— 100%功率时平均线功率；

P_O——测量时的平均反应堆功率，%。

INPO 和 EPRI 后续开发了基于惰性气体数据的一种燃料可靠性指标（FRI-NG）。目前 WANO 未改用基于惰性气体的 FRI-NG 计算。然而，它可以用作核电厂 FRI-I 计算的补充指标。

所提出的 FRI-NG 的公式类似于 FRI-I，其中，^{131}I 被 ^{133}Xe 代替，^{134}I 被 ^{138}Xe 代替，^{131}I/^{134}I 反冲系数被 ^{133}Xe/^{138}Xe 反冲系数代替（见计算公式）。然后，计算出的非反冲 ^{133}Xe 浓度增加 1.3 倍，以考虑 VCT 气相中的 ^{133}Xe 存量。

PWR FRI-NG 计算公式：

$$\mathrm{FRI}_{\mathrm{NG}}=\left[C_{133}\left(A_{133}\right)-K_{138}\left(A_{138}\right)\right]\left[\left(\frac{L_{\mathrm{N}}}{\mathrm{LHGR}}\right)\left(\frac{100}{P_{\mathrm{O}}}\right)\right]^{1.5} \qquad (5\text{-}2)$$

式中：$\mathrm{FRI}_{\mathrm{NG}}$——一回路冷却剂中 ^{133}Xe 平均稳定活度（Ci/mL），针对非均匀燃料材料进行修正且归一到标准的线功率；

A_{133}——一回路冷却剂中 ^{133}Xe 平均稳定活度（Ci/mL），并归一化到标准的线功率；

A_{138}——一回路冷却剂中 ^{138}Xe 平均稳定活度（Ci/mL），并归一化到标准的线功率（Ci/mL）；

C_{133}——1.3（考虑下泄系统气相中 ^{133}Xe 分数的修正系数）

K_{138}——1.36（修正系数，该系数是 ^{133}Xe 与 ^{138}Xe 的反冲比，假设裂变源为 30%的 ^{235}U 和 70%的 ^{239}Pu）；

L_N——归一线功率系数，5.5 kW/ft；

LHGR——100%功率时的实际平均线功率，kW/ft；

P_O——测量时的平均反应堆功率，%。

图 5-1 为从特定月份宣布无故障的美国核电厂收集的月度 FRI-I 和 FRI-NG 数据，涵盖了 1 500 多个反应堆月的数据。65%的无故障运行报告对应的 FRI-I 指标小于 1×10^{-6}μCi/mL（37 Bq/L），当 FRI-I 大于 5×10^{-4}μCi/mL（1.85×10^{4} Bq/L）时，仅有不到 10%是无故障运行。因此，FRI-I 大于 5×10^{-4}μCi/mL（1.85×10^{4} Bq/L）传统上被认为是燃料故障指标。

FRI-NG 是一种改进的无故障指标。如图 5-1 所示，87%的无故障运行报告的 FRI-NG 指标小于 1×10^{-6}μCi/mL（37 Bq/L）或更低。即使是非常小的燃料失效，FRI-NG 也会大于 1×10^{-4}μCi/mL（3 700 Bq/L）。因此，FRI-NG 低于 1×10^{-4}μCi/mL（3 700 Bq/L）被认

为是燃料无故障运行的良好指标。

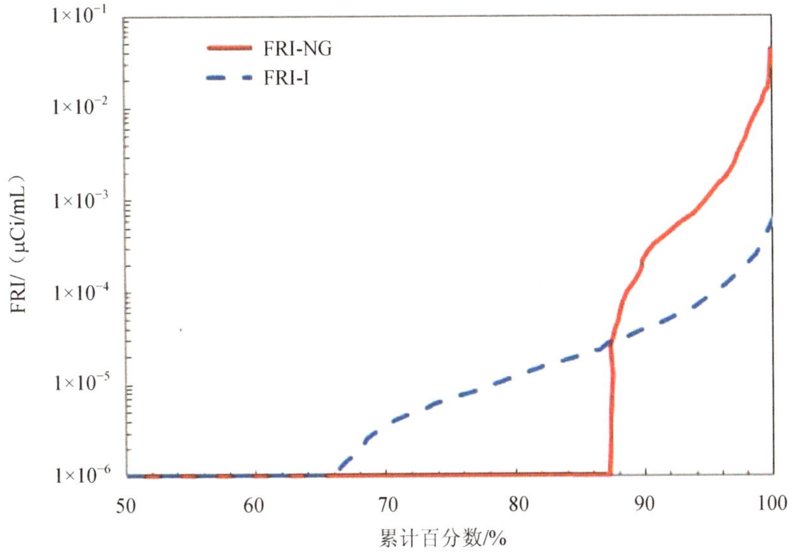

图 5-1 报告为无故障的核电厂月度 FRI（2005—2009 年）

5.3 燃料破损数量估算

从评估继续运行和计划大修处理的角度来看，估计堆芯中失效棒的数量是十分必要的。

对于高功率棒，二次氢化导致的二次退化可能会导致包壳中除主要缺陷外的其他缺陷。次要的缺陷也可能产生活度尖峰，这很容易对故障棒数的估算造成不利影响。2002 年前后发生至少 10 次二次氢化缺陷的高功率单棒故障，最初被认为涉及 10 根或更多根故障棒。

由于大量关键参数会影响估算，并且在换料大修之前无法明确确定这些参数，因此对压水堆故障燃料棒数量的预测存在固有局限性。

（1）棒功率——裂变产物在燃料芯块内产生，必须扩散到包壳间隙，才能通过包壳破口释放。扩散过程强烈依赖温度，因此，裂变气体向冷却剂的释放速率可能取决于燃料棒功率。故障功率将取决于故障棒在堆芯中的位置，以及其在故障棒束中的具体位置。考虑到最低功率棒到最高功率棒的功率可能相差 4 倍或更多，对失效棒数量的任何预测都存在很大的不确定性，在换料停堆之前很难确定故障功率。

（2）破口——破口尺寸将对裂变产物释放速率产生明显影响。然而，很难将缺陷不断扩展的单根故障棒与两个单独的故障棒的可能性区分开来。

（3）二次退化——由于二次氢化，其他位置的包壳破裂，很难对现有故障的二次退化和新的缺陷棒进行区分。

（4）燃料状态和几何形状——破损棒的燃耗将影响燃料棒内的内部压力、芯块包壳间隙、裂变产物的积聚等，所有这些参数都将影响裂变产物的释放率。例如，黏结到燃料包壳上的芯块与燃料棒其余部分的气体连通有限，从而限制裂变产物的释放。

总之，预测燃料组件失效数量是一门高度不精确的科学。

5.4 破口大小评估

对燃料缺陷的大小进行估算和趋势分析，可以为了解堆芯燃料失效的潜在原因和严重程度提供有用的见解。

（1）燃料棒逃逸系数

裂变产物扩散释放模型中采用的一个关键参数是燃料棒逃逸系数，该系数是单位时间内从失效棒的空隙空间释放到冷却剂中的给定核素的分数。实际上，该系数是裂变产物从芯块包壳间隙释放到冷却剂中的时间常数。由于与缺陷的大小直接相关，燃料棒逃逸系数应提供相当可靠的故障燃料缺陷大小指示。燃料棒逃逸系数可以通过将核素活度测量值拟合到基于扩散的释放模型来确定。历史经验表明，对于碘核素，小破口的逃逸系数小于 10^{-7}，而大破口的逃逸系数大于 10^{-4}。

（2）同位素斜率

碘释放量与衰变常数的对数图斜率根据缺陷的大小而变化。一般来说，对于高功率棒，观察到失密封缺陷的斜率在−1.5～−1.0，而大破口的斜率则在−0.75～−0.5。对于低功率棒，观察到失密封缺陷的斜率约为−1.0，而大破口的斜率大于−0.25。

（3）同位素比值

各种同位素比值可用作失效燃料棒破口大小的估计值。根据对燃料失效数据的回顾总结，得出了以下一般统计性结果：

$^{85}Kr/^{87}Kr$：气密性丧失（小破口）>1.0、大破口<0.7；

$^{133}Xe/^{135}Xe$：气密性丧失（小破口）>3.0、大破口<1.8；

$^{131}I/^{133}I$：气密性丧失（小破口）>1.0、大破口<0.4。

（4）燃料可靠性指标

燃料可靠性指标（FRI）的大小可用于获得燃料组件失效缺陷大小的指示。一般来说，如果 FRI 小于 1×10^{-3} μCi/g（3.7×10^{4} Bq/L），则失效可能是小破口。如果 FRI 大于约 1×10^{-2} μCi/g（3.7×10^{5} Bq/L），则该缺陷可能较大。

5.5 燃料破损检测

通过采用燃料破损检测技术确认燃料破损情况以及燃料失效的根本原因，是提高燃料可靠性的一个重要方面。明确导致燃料组件失效的潜在机理可以采取纠正行动，以降低未来燃料失效的可能性。燃料破损检测涉及一种或多种方法，包括啜吸检查、目视检查、超声检查、涡流检查等。为了识别失效机理和根本原因，还可执行以下一项或多项检查：刮除积垢、测量氧化层、裂变气体释放、燃料棒直径和长度的尺寸变化或其他组件尺寸变化。通常，在池边详细检查完成后，会进行热室检查。如果池边试验无法提供失效的根本原因，且失效对行业、营运单位、燃料供应商具有足够重要意义，足以保证进行热室检验所需的额外成本和时间的情况，则应进行热室试验。

5.5.1 啜吸检漏

如果放射化学数据表明存在一种或多种燃料缺陷，通常会进行燃料啜吸。燃料啜吸通常有两个作用：识别故障燃料组件，以及确保重新插入堆芯的燃料不会发生燃料故障。在通过燃料啜吸识别出故障燃料组件后，需要进行其他检查来识别故障燃料棒并确定故障根本原因。

啜吸技术，包括湿啜吸、真空或罐式真空啜吸以及换料机的套筒啜吸等多种。这些方法都依赖于从燃料组件中提取裂变产物并用辐射探测设备进行分析。目前，大多数放射性测量都是基于裂变气体的总β计数，半衰期 5.24 d 的 ^{133}Xe 和/或半衰期 10.75 a 的 ^{85}Kr。在某些情况下，对水中半衰期 8.02 d ^{131}I 的总β计数进行分析。裂变气体更常用，因为气体活度易于分离，总活度测量比使用 γ 能谱更合适。对于老化的燃料组件，^{85}Kr 是比 ^{133}Xe 更好的测量选择。选取不同啜吸方法的关键因素，首先是燃料组件与反应堆容器或燃料池中周围水隔离的方法，其次是从燃料组件中提取液体或气体活性样本的方法。

啜吸起初用于识别沸水堆失效燃料。由于未能将裂变产物隔离到给定组件的燃料通道，压水堆燃料的故障识别通常使用超声波检测（UT）进行，直到 20 世纪 80 年代至 90 年代引入换料机套筒内啜吸。

（1）湿啜吸

最初的沸水堆燃料湿啜吸是在堆芯中通过将一个倒置的罐子放置在 4 束燃料上完成的。该罐子配备了一根空气软管和 4 条采样线，这些采样线延伸到 4 个燃料通道中的每一个。使用压缩空气将水位压到罐子底部，隔离每个通道的顶部后，采集水样进行 ^{131}I 分析。除了正确放置罐子的问题外，主要问题是通常会发生多个燃料故障，冷却剂中的碘活性水平使得很难识别出发生故障的单个管束。空气软管设计也会影响识别泄漏燃料束的灵敏度。开发的下一种方法是将带通道的燃料束浸泡在燃料池中的密封罐中，然后关闭罐，从罐中抽取水样，测定分析 ^{131}I 含量。这种湿啜吸法非常成功，但耗时耗力。

（2）真空罐啜吸

真空罐啜吸最初被设计用于池边分析气体活性，并消除核电厂化学实验室中放射性水样的缓慢和劳动密集型实验室分析。真空罐啜吸是通过将装有燃料组件的罐或倒置箱抽成真空来实现的。此外，可以从封闭罐底部抽出一些水来增强气体释放，这降低了燃料棒的外部压力。在某些系统中，在密封罐抽真空之前，首先将空气注入罐中以排出水。气体被送入一个β敏感计数系统，用于测定总的气态放射性，主要是半衰期 5.24 d 的 ^{133}Xe 和半衰期 10.8 a 的 ^{85}Kr。真空罐啜吸是一种缓慢的技术，因为它需要特殊的燃料移入和移出一个或两个并行操作的啜吸罐，而套筒啜吸是在正常的燃料移动过程中完成的，通常是在反应堆堆芯或从堆芯到乏燃料池。由于真空罐的完全封闭和裂变产物的集中，真空罐啜吸具有较大灵敏度。因此，真空罐啜吸也是识别乏燃料池中原有泄漏情况以及换料机套筒内啜吸无法判别的一个选择。应该指出的是，当裂变气体存量很少时，如遇到顶部燃料棒缺失，真空罐啜吸有时会无法识别燃料故障。

（3）多组件啜吸

大部分啜吸是一次在一个燃料组件上完成的，多组件装置（可以测试 4 个、8 个甚至 16 个组件的系统）可用于沸水堆，或在某些情况下用于乏池。关于沸水堆反应堆内啜吸的最新发展是一种 16 束啜吸系统，该系统使用放置在组件上的充气啜吸罩。如果要对所有燃料进行啜吸，一些角落的外围燃料组件可能需要单独啜吸。在使用此类系统期间，应评估对堆芯冷却流量和温度的潜在影响。与单罐啜吸相比，使用多组件啜吸系统可以减少全堆芯啜吸所需的时间。

（4）套筒内啜吸

换料机套筒内啜吸技术是燃料转移过程中从中空、浸没式燃料输送机取样的技术。随着组件的升高，静水压力的降低有助于从燃料棒的破口中释放裂变产物，同时可以在套筒底部附近注入空气以促进裂变气体的剥离，使气相通过气体活性计数系统。这种压水堆啜吸系统的一个版本是完全依赖于压差的变化，而不依赖于空气注入来促进裂变产物的吸收。

套筒内啜吸技术已被应用于沸水堆。实际消除了在沸水堆升起组件时隔离组件的需要。在沸水堆，套筒内啜吸在很大程度上取代了真空罐啜吸。由于其令人满意的精度和对燃料的干扰最小，且对核电厂大修计划的影响最小，因此，套筒内啜吸是目前筛选沸水堆和压水堆堆芯中故障燃料组件的首选技术。

（5）燃料啜吸技术的准确性问题

燃料啜吸技术被认为是可靠的，通常是识别泄漏燃料的最佳方法。然而，以下因素会影响其准确性：

①在堆芯上存在高活度裂变产物以及燃料组件积垢的情况下，由于碘、铯和其他裂变气体可能会保留在非泄漏燃料的积垢中，从而产生总β放射性活度的错误读数。

②具有大破口的燃料棒，其间隙区域几乎没有剩余的裂变气体滞留，可能会无法成功识别故障棒。在这种情况下，真空罐或真空啜吸会增加检测到燃料故障的机会，即使使用真空啜吸技术也有一定漏检的可能。

在所有燃料组件都完成啜吸后，应进行数据审查，根据需要对一些组件重新啜吸。考虑到非泄漏燃料由于裂变产物交叉污染而产生响应的可能，因此，有必要仔细审查啜吸数据，识别低响应泄漏燃料和非泄漏燃料。

5.5.2　目视检查

目视检查是确定故障燃料整体状况的最直接方法，它还可以识别故障棒二次退化和故障的根本原因。目视检查涉及在水下使用各种相机和视频记录设备，包括内窥镜，作为远程观察燃料棒状况的一种手段。通常，整个燃料组件的目视检查是通过变焦彩色相机完成的。如果从组件中取出单根燃料棒，可以使用安装在燃料棒附近的高分辨率彩色摄像头进行详细检查。在检查活动之前，应审查摄像机设备规格和照明，以确保有足够的照明、分辨率和放大倍数。

位于外围的故障燃料可以通过目视检查来识别。如图 5-2 所示，由于包壳的二次氢化，一些燃料棒出现了过度生长。图 5-3 为一根压水堆燃料棒，在 2003 年的第一个 18 个月循环中，大约在 100 天时发生了故障，实际上其长度缩短了（或比相邻的完好燃料棒生长得慢）。该故障棒没有可见的二次氢化。

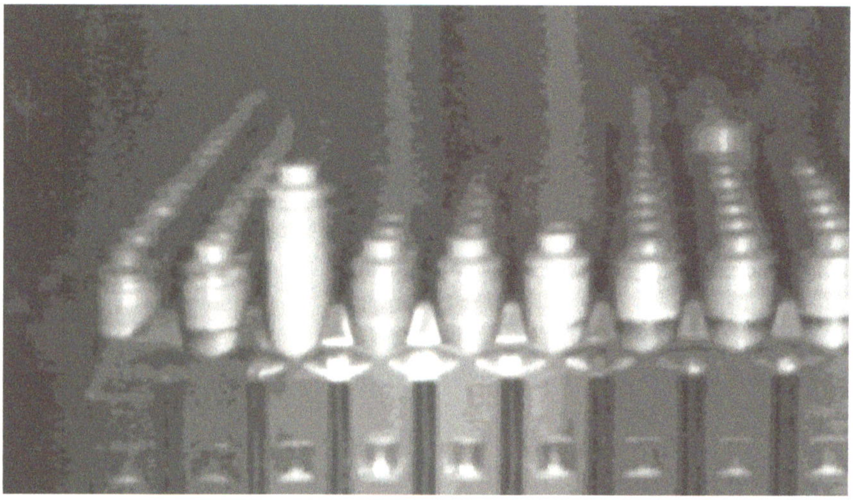

图 5-2　具有明显二次加氢的燃料过度生长

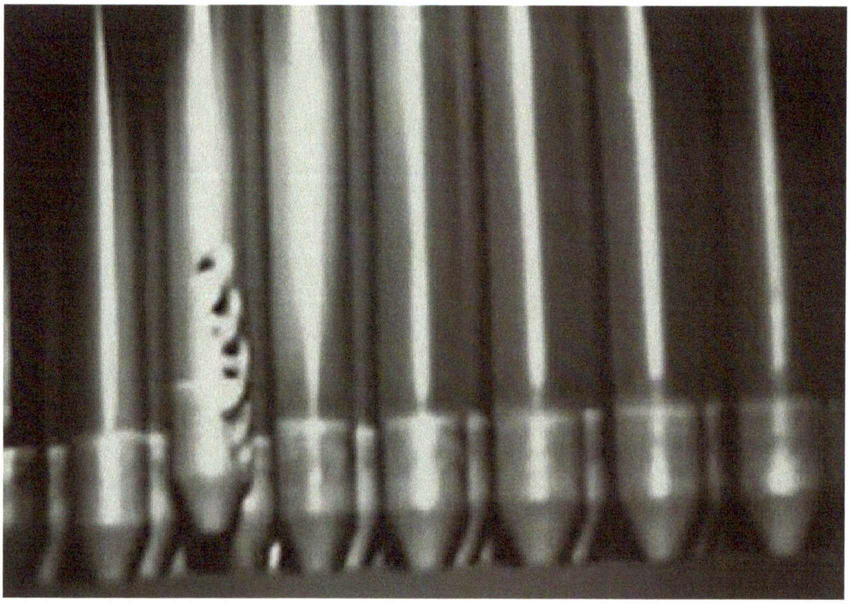

图 5-3　第一个循环中约 100 天时燃料棒出现明显的异物磨蚀，燃料棒表现出明显的收缩或低于正常燃料棒的生长

一旦确定控制棒有故障，通常会对控制棒进行详细的外观检查，以确定故障的根本原因。拆除发生故障的控制棒进行目视观察、涡流检测（ECT）以及测量等。此外，纤维内窥镜已广泛用于在不拆燃料组件棒的情况下检查燃料组件内部构件。它已被成功地用来识别被棒束或格栅卡住的小碎片，还可以检查发生内部故障的控制棒的状态，以确定控制棒的完整性不会受到影响。但纤维镜的视野相当狭窄，通常仅在无法进行更传统的成像时才使用。

5.5.3　超声检测

超声检测（UT）是通过在燃料棒之间使用一组超声探头来执行的。探头与燃料棒接触，发射超声波，通过分析反射波的波形来确定燃料棒是否破损。多棒自动超声探伤系统发射和传输的超声信号的幅度对燃料棒内是否充水很敏感，充水时水会大大减弱超声波信号，可表明燃料包壳已经破裂；若燃料包壳完好无损，超声波接收器将收到较强的超声信号。

超声检测已广泛应用于检测压水堆燃料组件故障，但在沸水堆中的应用不太广泛。应用上存在这种差异的主要原因是，压水堆燃料组件可以直接采用超声检测来识别故障棒。相比较而言，拆除单个燃料棒进行目视或涡流检测来定位故障棒将非常费时。而在沸水堆进行 UT 检查时，必须从燃料组件上拆下燃料组件。拆除燃料组件通道费时，在重新安装过程中增加了组件可能发生损坏的危险度。由于沸水堆（BWR）燃料的二次降级更加显著，一旦通过啜吸发现故障组件，沸水堆会通过对每根燃料棒进行单棒涡流检测（ECT）或超声检测来定位故障，从而降低了损坏故障棒的概率。

如果燃料组件计划继续使用，确保所有发生故障的棒都已拆除是最重要的。因此，除非可以确定所有故障棒都已拆除，否则使用超声检测出的失效棒件修理过后都需要重新进行小规模的检测，以确保燃料组件完好无损。

超声检测的准确性取决于超声检测位置处发生故障的燃料棒内是否有水。如果发生故障时燃料棒几乎没有水进入，例如，在接近循环结束时出现非常紧密的缺陷和低功率故障，超声检测可能无法成功识别出发生故障的燃料棒。超声探伤信号可能会受到积垢、燃料芯块与包壳接触过多的影响，特别是在高辐照情况下。因此，超声检测最有可能成功应用于低燃耗的燃料组件。

为了更有效地利用超声检测来识别失效棒，建议采用以下工序：

①选择正确的轴向高度；

②如果获得可疑读数，则对组件的多个表面进行超声检测；

③利用一套特征明确的规则来解释信号；

④仔细审查信号模式；

⑤检查 UT 探头的对中情况。

需要注意的是，即使在仔细解释数据的情况下，UT 也容易出现超预期和低估。探测不足或未能检测到故障棒通常与缺陷有关，例如，缺陷很小，以至于水没有进入燃料棒，或者在超声检测的轴向高度不存在缺陷。

另外，对一些无法明确识别为泄漏或非泄漏的燃料棒也可以进行额外检查，例如，目视或涡流检测（ECT）。

5.5.4 包壳壁缺陷的涡流检测

涡流检测（ECT）可检测到燃料包壳全长范围内的磨蚀或贯穿性破损状况。ECT 通常使用带有涡流探头的环形线圈进行单棒检验。可将其用作确认可疑 UT 或目视检查结果的手段。更重要的是，ECT 可以检测早期缺陷（如部分穿透缺陷），因此它可以用于根本原因分析，以确定失效机理。

电容 ECT 探头产生电磁场，当其与导电金属表面（如包壳）相互作用时，诱发涡流。涡流产生二次电磁场，可由涡流传感器的探头对其进行分析。包壳上的缺陷会扭曲涡流信号，由此实现对缺陷的检测。需要注意的是，燃料棒上的沉积物，特别是具有电磁特性的沉积物，可能会影响 ECT 的读数，导致对包壳缺陷的高估。因此，ECT 设备的操作人员需要认识到积垢和垫片接触点对 ECT 信号的影响。在进行 ECT 检验之前，通常对燃料棒进行刷洗或用水冲洗，以尽可能清除大量松动的积垢。

5.5.5 包壳氧化膜厚度涡流检测

通常使用更高频率（100 kHz 至 1 MHz）的池边涡流检测来确定单个燃料棒氧化膜的厚度。这对于确定包壳过度氧化是否在失效中起到了作用以及其他没有失效的燃料棒在继续辐照时是否会失效具有重要作用。

除铁磁杂质可能影响提升测量的准确性外，将涡流探头与包壳表面对准对获得数据准确性至关重要。高频扫描涡流技术（F-SECT）的最新进展提高了 ECT 技术的准确性，并具有补偿磁杂质干扰的能力。

5.5.6 尺寸测量

使用触笔测量燃料棒的外部几何尺寸。它被用来定位一回路缺陷的位置和其他几何变化，如包壳的椭圆度或直径变化。当涡流信号受到磁场干扰时，可以将轮廓测量数据与涡流数据进行比较，确定包壳氧化膜的厚度和积垢的沉积情况。

5.5.7 热室检查

热室检查是将燃料棒运送到实验室进行辐照后检查（PIE）。热室检查成本高昂（一个简单的 PIE 的成本为 1 亿～3 亿美元）、需要相当长的时间（从开始到结束约 2 年）。热室检查可以提供有关故障棒状态的详细信息，例如，芯块与包壳的相互作用、芯块损坏（包括缺失的芯块表面）、包壳氢化物水平、包壳腐蚀和与积垢沉积物的相互作用、燃料致密化、裂变气体释放分数、燃耗变化、端塞缺陷等。

在对燃料棒切割进行破坏性检验之前，采用一种经过验证的方法缩小主要缺陷位置范围至关重要。其中一种方法是中子射线照射（NP）技术，它可以穿透包壳壁来检测包壳中的局部氢点、燃料芯块之间的间隙以及燃料芯块中的缺陷或燃料芯块表面缺陷（MPS）。中子射线照射成像示例见图 5-4～图 5-6。

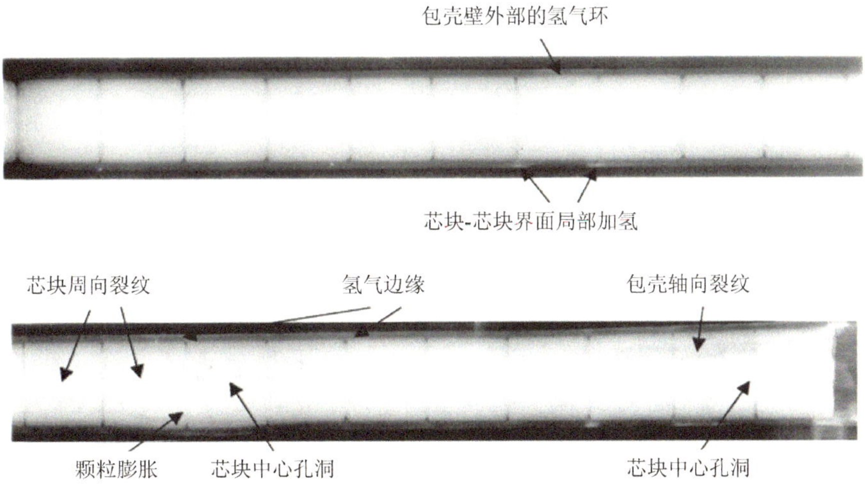

图 5-4 NP 显示包壳中的局部氢化

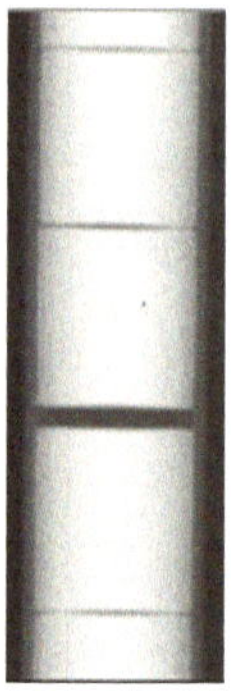

图 5-5 NP 显示燃料间隙

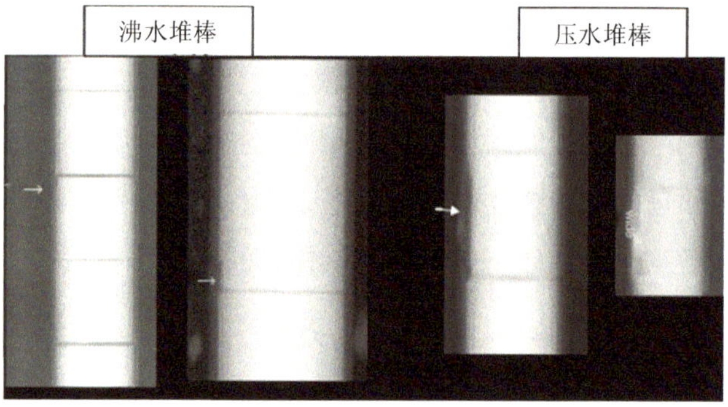

图 5-6 NP 显示芯块表面缺失

伽马扫描可以用来确定燃耗分布、芯块之间的间隙，以及在燃料棒失效的情况下，铯同位素的分布情况。扫描电子显微镜（SEM）可用于支持腐蚀和开裂相关的分析。X 射线或其他微探针分析和成像技术对于确定某些侵蚀性化学物质的分布是必不可少的。

热室检查的辐照燃料棒通常不仅包括故障燃料棒，还包括一个或多个相关的非故障棒，这些非故障棒可以与故障棒比对。此外，为装运而选择的棒和/或棒段必须进行适当的标记或以其他方式跟踪，以确保在反应堆现场和整个热室检查过程中正确识别棒段。

5.5.8 不同堆型燃料破损检测技术应用

5.5.8.1 压水堆

在大多数压水堆中，燃料组件破损情况的检测是通过啜吸技术来进行的。啜吸检测主要基于换料机的伸缩套筒、固定套筒啜吸装置以及啜漏盒。啜漏盒检测技术常用于高燃耗燃料组件（换料机套筒内啜吸装置无法鉴定燃料组件是否破损），也适用于维修后的低燃耗燃料组件。

大多数压水堆核电站采用湿啜吸技术检测破损燃料，该技术基于加热燃料组件周围的水使可溶的裂变产物或裂变气体从破损的燃料内驱出。在法国，啜漏检测包括测量 ^{133}Xe 放射性核素的气体回路和测量 ^{134}Cs 和 ^{137}Cs 放射性核素的水回路。^{133}Xe 在组件加热期间采用在线测量，^{134}Cs 和 ^{137}Cs 采用离线测量。

在大多数欧洲国家，啜漏盒装置固定在燃料厂房的混凝土结构中。在美国，移动设备是基于真空啜吸技术。移动设备通常只包括气体回路，因为水回路在移动设备中更难实现。

啜漏盒啜吸技术（无论是湿啜吸还是干啜吸）非常可靠，与换料机套筒内啜吸相辅相成。相较于换料机套筒内啜吸，啜漏盒啜吸的检测时间较长。对于固定设备（如法国和欧洲其他地区使用的设备），设备维修比换料机套筒内啜吸设备更重要，而且可能很困难。

此外，考虑所需时间短，许多西班牙压水堆电力公司在对堆芯卸料时采用了在线超声检测，从而不影响大修时间。

5.5.8.2　沸水堆

真空啜吸和湿啜吸技术也用于沸水堆。然而，真空啜吸由于其更高的精度，在沸水堆中比湿啜吸更频繁地使用。在沸水堆中另一种常用的用于识别破损燃料的方法是在线啜吸。

尾气系统监测为监测沸水堆燃料组件完整性提供了最简单的方法。除衰变外，从破损燃料棒中逸出的裂变气体从一次冷却剂定量转移（速率高于 98%）到主凝汽器。尾气系统通过抽取不可冷凝气体，使主凝汽器真空度保持在 13.79 kPa 以下。这些不凝气体包括填充气体（氦气）、冷却剂放射性分解气体和裂变产物气体。在时间零点，惰性气体核素的设计基准释放速率约为 92.5 GBq/s，这些核素中的大多数衰变很快，30 min 后活度降低到约 3.7 GBq/s。常规尾气抽取样品分析基于六种核素：^{85}Kr、^{88}Kr、^{87}Kr、^{133}Xe、^{135}Xe 和 ^{138}Xe。沸水堆中的燃料组件故障通常首先通过尾气监测器响应的急剧增加来识别。此外，大多数沸水堆通过反应堆主要碘和铯核素的分析来增强惰性气体分析。在某些情况下，对锶等其他可溶性放射性核素进行分析。

通常，同位素比值可以比单独的活性浓度更好地指示小缺陷的存在或缺陷释放特性的变化。任何强调短寿期和长寿期核素释放率之间差异的比值都可以用作燃料完整性的指示。这些比值的显著变化清楚地表明了燃料故障。惰性气体和碘同位素都有同样的作用。^{138}Xe 是通常测量的废气核素中半衰期最短的，而 ^{133}Xe 是半衰期最长的。沸水堆燃料完整性评估中最常用的比率是 ^{138}Xe 与 ^{133}Xe 的比率。^{138}Xe 与 ^{133}Xe 的理论比值应为 448，如果 ^{138}Xe/^{133}Xe 的比值小于 100，则强烈表明堆芯中存在缺陷燃料。已经发现，大于 300 的值表示无缺陷。此外，也有其他同位素比值被用于指示和监测燃料故障。

5.5.8.3　VVER

VVER 通常采用摄像机对换料机套筒中的燃料组件进行目视检查，可对以下内容进行评估：

①燃料棒损伤；

②燃料组件和燃料棒的腐蚀情况；

③燃料组件和燃料棒的任何变形，包括弯曲、伸长等；

④磨蚀情况；

⑤因燃料操作造成的燃料损伤；

⑥异物。

在大多数 VVER 机组中，反应堆停堆期间燃料泄漏的探测分两个阶段进行。第一阶段是在换料机套筒内进行啜吸试验。如果记录的活度超过一定水平，则燃料组件疑似为泄漏。第二阶段是对乏燃料贮存水池燃料棒包壳完整性控制专用容器中的所有可疑破损燃料进行试验。试验采用以下两种方法。

传统的方法是：将泄漏试验乏燃料组件运输容器中的水压升高，保持几分钟，然后下降。在泄漏试验乏燃料组件运输容器回路中的水混合后，取样测量 ^{131}I 活度。通过将可疑破损燃料的活度与在换料机套筒内测试时未标记为“可疑”的其他几个（通常超过 10 个）燃料组件的活度进行比较，鉴别出“可疑”泄漏的燃料组件。如果燃料的 ^{131}I 活度浓度超过燃料组件供应商技术规范中规定的“总体失效”限值，则可以直接判定燃料破损，无须与其他燃料组件进行比较。

近年来，第二种技术已应用于俄罗斯联邦的大多数 VVER。它在泄漏试验乏燃料组件运输容器中使用压力循环。泄漏试验乏燃料组件运输容器中的水压在约 20 min 内循环升高和降低。在此期间，采集若干水样以测量 ^{131}I、^{133}Xe、^{134}Cs、^{136}Cs、^{137}Cs、^{140}Ba 和 ^{106}Ru 的活度。通过比较不同样品中的活度，首先，确定燃料组件是否泄漏；其次，确定泄漏是轻微还是严重。通过使用 RTOP 程序，针对 VVER 燃料组件的不同设计制定相应的标准。压力循环技术提供了一种估算包壳中主要缺陷的等效水力直径的方法，并可鉴定破损燃料棒的二次缺陷。

5.5.8.4 重水堆

CANDU 型重水堆有两种定位堆芯燃料组件缺陷的系统：缓发中子系统和给料机扫描系统。Bruce 和 CANDU-6 反应堆采用缓发中子系统，而 Darlington 反应堆采用给料机扫描系统。Pickering 反应堆没有燃料组件故障定位系统，只有在燃料组件从堆芯排出后才能确定燃料组件缺陷的位置。

第6章 燃料破损问题的监管策略

核电厂堆芯中燃料棒破损的问题时有发生，各国对这一问题的处理和应对策略也有所不同。

6.1　燃料破损后反应堆的运行

6.1.1　破损后是否允许机组继续运行

针对此问题，各国法律法规的要求基本一致。核电厂处于正常运行时，主要根据技术规格书有关一回路放射性水平进行控制，只要未超出规定的限值，核电厂都可以在燃料棒破损的情况下继续运行。尽管法规中没有明确破损燃料是否能再入堆，但是核工业界的良好实践是尽量不再入堆。在测量的活性数据非常高的情况下，营运单位可自行决定是否立即或在短时间内（2～8 d）停堆。如果没有达到限值，但堆芯中有燃料破损的迹象，通常会推迟到下一个大修期间进行识别和卸出。

由于燃料破损机理复杂，某些国家会要求营运单位在彻底解决问题前降功率运行。例如，针对包壳表面加速氧化脱落造成的燃料组件破损，法国和巴西就是采取这种策略。

6.1.1.1　压水堆

法国规定了一回路放射性水平控制参数的阈值，并明确了相应核电厂的响应行动。阈值包括：①强化监测阈值，当达到该限值时，停止负荷跟踪，增加放射化学测量频率；②停堆阈值，达到该限值意味着核电厂将在 48 h 或 8 h 内停堆，具体取决于活度。

法国 1300 MWe 机组的限值如表 6-1 所示。

表 6-1　法国 1300 MWe 机组放射性化学技术规范限值

	强化监测阈值	停堆阈值
惰性气体放射性总活度	10 000 MBq/t（0.3 μCi/g）	150 000 MBq/t（4 μCi/g）
碘当量剂量	4 000 MBq/t（0.1 μCi/g）	20 000 MBq/t（0.5 μCi/g）
I-134	A + 1 000 MBq/t	A + 3 000 MBq/t

$$A = A_0（1 + k \cdot \mathrm{BU}） \tag{6-1}$$

式中，A_0 为燃料循环初始时的 ^{134}I 活度；$k=0.7\times10^{-4}$ 或 0.25×10^{-4}，或 0；BU 为燃耗，MWd/t。

美国电力公司燃料破损行动计划规定的行动水平通常为 3～5 个，以跟踪失效的燃料组件的状态，并采取行动将燃料组件失效对电厂流出物、人员辐照和电厂运行的总体影响降至最低。在无故障运行期间，除了常规的放射化学监测，还制定有失效燃料组件行动计划。

①1 级——燃料组件故障指示；

②2 级——燃料组件失效或降级，导致裂变产物活度增加；

③3 级——活度进一步增加，评估降功率的可能性；

④4 级——活度进一步增加，评估停堆的可能性；

⑤5 级——活度进一步增加，执行停堆。

一些电力公司可能将 2、3 级合并为一级，将 4、5 级合并为另一级。

触发上述行动的工况通常基于冷却剂裂变产物的活度水平，可根据失效前的放射性活度进行修正。每级触发条件的具体阈值由各核电厂确定，通常基于各核电厂自身设计特性、电厂运行工况以及故障经验来确定。

根据 NUREG-0473 第 1 版的规定，核电厂的技术规范中列出了停堆的触发因素。大多数压水堆核电厂的要求是：①碘剂量当量或 DEI≤1.0 μCi/g；②比活度限值≤100 μCi/g；③^{133}Xe 剂量当量。

实际值可能因核电厂而异。例如，一些压水堆核电站的 DEI 可能设定为 0.5 μCi/g。

6.1.1.2 沸水堆

根据NUREG-0473第1版，美国核电厂技术规格书中规定了核电厂停堆的触发因素。对于沸水堆，大多数电厂的要求是：

①在主凝汽器大气释放阀处测量的惰性气体的总放射性（β和 γ）限值≤100 μCi/g；

②冷却剂碘当量剂量限值≤0.2 μCi/g。

如上节所述，美国核电厂通常有 3～5 个行动级别来“最大限度地减少”燃料组件故障对电厂流出物、人员暴露和电厂运行的总体影响。触发上述响应行动的条件通常基于冷却剂和/或气态排出物的裂变产物活度水平，其可对故障前放射性活度进行校正。对于沸水堆，这通常是气态排出物总放射性或燃料可靠性指标。当活度水平超过一定的行动水平时，需要越来越高的核电厂管理层来管理燃料故障问题。当活度水平达到可能对整个机组运行产生重大影响或可能超过机组运行技术规范的情况（3 级或 5 级）时，可以执行计划和停堆，以检查和处理故障燃料。

在芬兰的 BWR 核电厂，如果 ^{131}I>2.2×10^{6} Bq/kg，且累计时间为 800 h，或者 ^{131}I>

4.4×10^7 Bq/kg，则该核电站将停堆。

6.1.1.3　VVER

俄罗斯核电厂在运行期间的燃料组件安全是通过遵守监管机构制定的要求来确保的。根据这些要求，已经计算了 VVER-1000 堆芯在存在燃料破损的情况下的安全运行限值，并且目前基于冷却剂的比活度使用这些限值。这些限制是基于碘同位素活度的总和（表 6-2）。

表 6-2　VVER-1000 堆芯的运行极限和安全极限

参数	运行限值	安全限值
基于碘同位素总和的冷却剂比活度	37 000 Bq（1×10^{-3} Ci）	185 000 Bq（5×10^{-3} Ci）

注：1 Ci = 37 GBq。

在达到冷却剂比活度的规定运行限值后，应采取措施（减少和稳定机组功率）将冷却剂活度降低到运行限值以下。如果将冷却剂活度降低到运行限值以下的措施失败，或者达到了燃料破损的安全运行限值，则应立即停堆。反应堆只有在所有燃料的完整性得到确认、有缺陷的燃料已经卸载并且燃料组件损伤的原因已经确定的情况下才可能重启。

6.1.1.4　重水堆

对于加拿大 CANDU 型重水堆，^{131}I 冷却剂放射性浓度的许可证限值多年来一直在不断降低，而且非常严格。此外，一旦达到限值，操作员有 24 h 的时间完成缺陷定位和确认活动，然后再按要求关闭机组。

6.1.2　是否出现过燃料破损导致的停堆

有些国家没有因燃料棒破损而提前停堆，如斯洛伐克、印度、捷克、荷兰和匈牙利；而有些国家则选择提早停堆，如美国、日本、法国、比利时、芬兰、瑞典和瑞士。

核电厂通常会通过增加放射性活度释放监测的频次来继续监测和管理燃料失效的情况，如果在计划停堆前释放趋势迅速上升，有可能超过核电厂内控行动水平（低于技术规格书运行限值），则核电厂管理层可以决定停运机组以移除破损的控制棒。在 CANDU 反应堆中，可以在不停堆的情况下更换疑似破损的燃料组件。

6.1.3 是否允许破损燃料再入堆

大多数国家不会将破损燃料组件再入堆。通常，监管机构没有许可或技术规范要求，但行业惯例是不再入堆。为了实现零缺陷目标，核电厂严格避免破损燃料组件再入堆。如果核电厂运行仅受冷却剂放射性的限制，营运单位可以决定是否重新装载破损的燃料组件。

6.1.4 是否限制堆内破损燃料棒的数量

大多数核电厂对堆内破损燃料棒的数量没有直接限制，但会限制冷却剂活度浓度，并以此评估可能的破损棒数。限值与预先确定的破损棒数不直接对应。

俄罗斯根据不同的破损程度（微观和宏观缺陷），在法规中明确了 VVER 反应堆中活度浓度与破损燃料棒数量之间的直接相关性。

6.1.5 分析破损燃料棒的放射性特性技术

核电厂通常分析冷却剂中的稀有气体的放射性同位素（Xe、Kr）和可溶性同位素（I、Sr、Np、Cs 等）。大多数核电厂采用在线监测系统（伽马能谱、氦测量和质谱仪），在线系统不可用时采用定期手动测量。典型的测量方法有主冷却剂中的碘活度测量、废气系统中的惰性气体活度测量、主冷却剂中可溶性同位素活度测量等。

测量数据可用于估计破损棒的数量、表面污染量、泄漏棒的平均燃耗、破损棒类型和缺陷的大小。一些核电厂采用在线或离线数值模型对测得的活度浓度进行评估。

6.1.6 破损棒数量的分析

基于冷却剂活度浓度对破损燃料棒数量进行估算通常仅被视为一种预测。如果在燃料组件检查中发现破损燃料棒数量与预测不同，则可以通过新数据改进数值方法，但是这种差异不会对核电厂的运行产生严重影响。

相对破损燃料棒的确切数量而言，找到哪些燃料组件中有破损棒更为重要。大多数核电厂都没有拆卸组件或对破损组件内的燃料棒进行详细检查的工具，所以除非将破损组件送往另一个设施进行辐照后检查，否则无法比较破损棒的预测数量和实际数量。

6.2 破损燃料组件或燃料棒的查找

6.2.1 破损组件根本原因查找

大多数国家都强烈希望找到燃料故障的根本原因，以避免将来出现类似故障。通常可以通过池边检查来进行，有时可能需要在特殊的热室中进行检查。

在美国，行业惯例是尽可能找出根本原因。在法国，需要调查故障的根本原因，然而如果已经确定了一般故障的根本原因，并且对泄漏来源没有或几乎没有疑问，则只检查有限数量的破损棒。根据瑞典的经验，根本原因通常可以通过仔细的目视检查和其他池边检查来确定，但在某些情况下，对一些制造缺陷只能通过热室辐照后检查来确定。

6.2.2 破损燃料棒的查找

可通过非破坏性方法查找燃料组件中的破损棒，如目视检查、涡流和超声检查等。某些燃料组件类型无法进行拆卸，因此在核电厂内无法识别单个破损棒。在这种情况下，只能切割组件在特殊热室中检查。在热室中，可以通过显微镜进行光学检查，并且可以进行氦气泄漏探测以确认或寻找小的缺陷。

6.3 破损燃料组件或燃料棒的替换和修复

6.3.1 破损燃料棒的替换

在大型燃料组件中，通常可以拆卸破损的燃料棒，并用燃耗相近的燃料棒或哑棒替换，修复后的燃料组件可以在反应堆中再次使用。这取决于燃料棒的降级程度及其燃耗情况。由于经济原因，不会更换高燃耗燃料组件中的破损棒。如果因组件设计或核电厂缺乏工具等原因无法拆卸破损的燃料棒，则不能选择更换。

在美国，更换的主要标准是剩余组件的剩余能量、更换的可用时间以及其他故障的可能性。出于换料大修关键路径的考虑，许多电厂选择用之前卸载到乏燃料水池中的燃料组件替换破损组件，而不是更换单个燃料棒。在日本，只有燃料供应商才能对燃料组件进行维修，而不允许核电厂自行更换组件中的燃料棒。在 CANDU 反应堆中，由于棒束焊接在棒束端板上，因而无法更换破损棒，而棒束的低成本意味着没有更换单个棒的动机，破损棒束不会重新入堆。

6.3.2 破损燃料组件的修复

一些国家在核电厂内无法修理燃料组件。在其他国家，一些燃料设计的现场也有更换破损燃料棒的工具。然而，燃料更换通常不是由核电厂的工作人员进行的，而是核电厂运营单位依靠燃料供应商将设备带到现场来修复破损的燃料组件。拆卸破损燃料棒的决定应基于抽出阶段燃料棒完整性丧失的潜在风险（例如，由于二次氢化导致的燃料棒完全断裂和燃料碎片扩散）。

在一些国家，对含有破损燃料棒的燃料组件进行后端处理可能很困难，相比之下，以常规方式处理修复后的燃料组件和单独处理破损燃料棒则容易得多。

6.4 破损燃料组件或燃料棒的贮存和运输

6.4.1 破损燃料在乏燃料水池中的贮存

在乏池贮存破损燃料期间，大多数国家会将破损的燃料组件与完好的组件一起贮存，而部分国家的乏池中则设置了专门区域或容器用于贮存破损的燃料组件。

一些核电厂拥有专门用于贮存破损燃料棒或燃料组件的容器。如果破损的燃料棒可以被抽取出来，那么它将被贮存在这些容器中。如果无法抽取，则将整个严重损坏的燃料组件进行贮存，例如，存在燃料组件碎片从燃料棒上脱落的危险度、大面积包壳损伤、处理条件恶化等情况。在斯洛伐克，可以根据贮存池中铯放射性活度的增加来决定是否将燃料组件放入封闭容器中进行贮存。在 CANDU 中，破损的燃料组件被罐装，并与乏燃料池中贮存的完整燃料组件分开贮存。在俄罗斯，已经开发用于运输破损燃料组件的专用容器，初始设计的气密性可确保含有泄漏燃料组件棒的乏燃料组件的临时贮存和运输安全。德国的法规要求将反应堆内出现包壳破损的燃料组件隔离，并放入密封容器中进行湿法贮存。具有任何类型包壳破裂的燃料棒不能放入干法贮存。在美国，法规特别指出，严重破损的燃料组件在贮存过程中必须罐装或以确保可回收性的方式处理。美国专门制定了具体措施来处理 20 世纪 70 年代贮存在乏燃料水池中的破损燃料组件，措施包括制造水下罩，以在燃料组件泄漏到水池中时收集放射性气体，以及制造专用罐，将破损的燃料组件与池水隔离。在某些情况下，这些措施被证明是有效的。然而，绝大多数破损的燃料组件不需要特殊处理，其贮存方式与完整的燃料组件相同。

对于从燃料组件中拆除的破损燃料棒，通常将其贮存在乏燃料水池中的吊篮或容器中。贮存在普通吊篮中的燃料棒数量取决于设计和临界安全分析，必须符合乏燃料池格架的分析。吊篮的几何形状应与乏燃料池格架兼容，并应可放置在标准存储位置。

贮存在乏燃料池中的破损燃料组件的数量通常没有限制。即使乏燃料池中的燃料棒发生泄漏，裂变产物活度水平通常也很低，乏池水净化系统可以很容易地控制放射性活度。

6.4.2　破损燃料组件的运输

在大多数国家，破损燃料组件的运输可以在普通容器中与完整组件一起进行。在斯洛伐克，有专用容器可用于运输破损的燃料组件。

破损燃料组件的运输只会产生轻微的放射性释放。通常情况下，运输后不会对容器的气体体积进行检查。与运输本身相比，更多的放射性释放与集装箱的装卸操作有关。

6.4.3　破损燃料组件或燃料棒的临时贮存

关于破损燃料的临时贮存，有不同做法，分为湿法贮存和干法贮存。湿法贮存临时设施的国家，破损组件和完好组件通常一起贮存。在斯洛伐克，是使用专用容器（密封管）贮存破损的燃料组件。

干法贮存设施的国家采用不同的做法来处理破损组件：在瑞士、比利时、加拿大和捷克，没有泄漏的燃料组件贮存在干法贮存设施中。在美国，具有“针尖状气孔”缺陷或“发际裂纹”的燃料棒通常允许在没有特殊罐装或特殊处理的情况下进行干法贮存。在无法充分确定燃料棒缺陷程度的情况下，不会将其与完好燃料组件一起贮存在高放密封容器中，而是使用专用机械装置或罐来防止燃料组件材料失控释放到环境中。在德国，损坏的组件不能在没有罐装的情况下直接干法贮存。在匈牙利，干法贮存设施采用模块化结构，每个组件都有单独的贮存管。燃料组件泄漏时不使用专用容器，只需将其贮存在与完好组件不同的管道中。

6.5 停堆后的反应堆重新启动

6.5.1 破损碎片的查找与贮存

通过对收集的燃料破损事件的分析可以看出，虽然并非所有燃料破损事件都会造成停堆，但是一旦发现燃料破损，除要开展根本原因分析外，在重新启动反应堆之前，各国核电厂都会开展破损状态评估，并根据破损燃料棒的运动轨迹，尽可能地找到所有的破损碎片，在制订最终的修复和封存方案之前，破损的组件及其碎片将在换料水池或乏池中进行临时贮存。

6.5.1.1 压水堆

近年来，为了最大限度地减小反应堆燃料组件破损后果，加强了几项破损碎片的查找行动。在停堆期间使用高清晰摄像机进行多次目视检查，以识别不同位置的碎片：①堆芯底板上；②容器下封头内（下部堆内构件拆除后）；③燃料组件底部喷嘴下方；④燃料棒束之间。并开发了不同的碎片回收工具，以在检测到碎片后立即将其清除（图 6-1）。

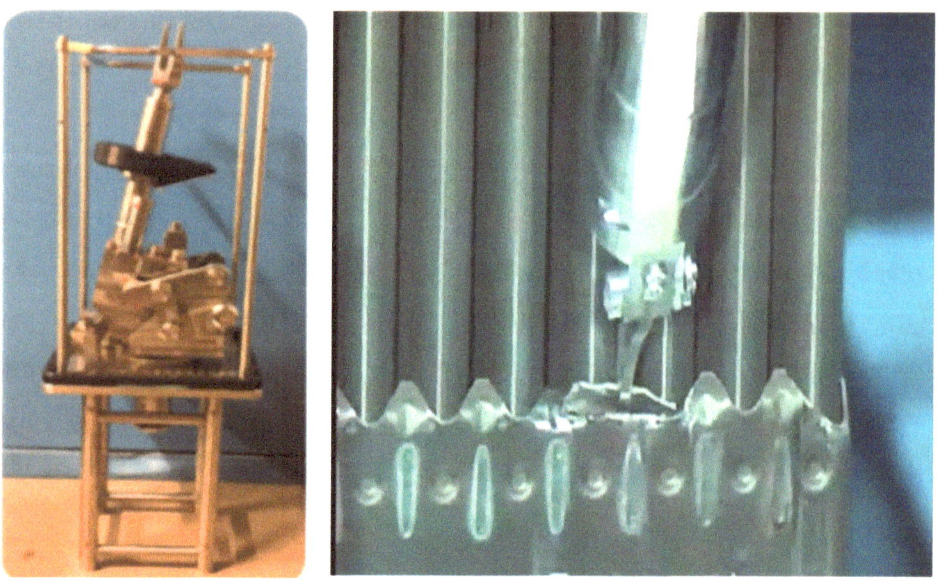

图 6-1 PWR 上用于从燃料组件（右）中取出碎片的夹持工具（左）示例

6.5.1.2 沸水堆

沸水堆中的异物查找方法与压水堆相似。但由于在沸水堆是直接循环运行，因此引入碎片的可能性相对较高。

6.5.1.3 VVER

VVER 型反应堆采取了以下措施，以降低由于一回路冷却剂中存在异物而对燃料棒包壳造成损伤的可能性：

①卸载燃料组件，检查并清洁反应堆堆内构件和压力容器；

②通过安装过滤器清洁乏燃料池水；

③检查有缺陷的燃料组件和防异物过滤器；

④分析缺陷燃料组件的位置，确定其发生模式；

⑤排除一次冷却剂回路中的异物；

⑥检查进出控制区的消耗品；

⑦使用视觉辅助工具确认没有松动的零件。

6.5.1.4 重水堆

CANDU 型重水堆一回路内的异物可通过冷却剂循环通过堆芯。在新的 CANDU 重水堆中，如果碎片被困在燃料组件束之间，燃料组件可能会出现缺陷。根据碎片的大小和位置，冷却剂速度可能导致燃料元件振动、与异物相互作用，并对燃料组件造成不同程度的损伤。为了降低 CANDU 反应堆初始启动期间磨蚀缺陷的后果，通过引入过滤器来排除异物。在调试期间，过滤器通常安装在特定的通道中以清除碎片。

6.5.2 堆芯滞留碎片的影响

尽管各国核电厂都尽可能地找到所有的破损碎片，但是在某些条件中，仍有可能出现条带、格架、包壳等碎片甚至大量完整芯块无法全部找到的情况，尤其是对于滞留堆芯的碎片，可能在反应堆重新启动后造成燃料组件和其他关键设备的损坏。营运单位通常会就碎片的影响程度进行分析，并制订运行期间的补充放射性监测方案，当技术判断认为滞留碎片对反应堆的安全影响可以接受时，即具备了重新启堆条件。另外，对于芯块丢失，除了要分析对反应堆安全的影响，还需就核材料丢失风险进行评估。

第7章 结论

实现燃料组件零破损是保障核安全的不懈追求目标。“前车之覆，后车之鉴”，本书通过对全球历史燃料组件破损数据进行统计和事件原因分析，旨在对国际上在堆运行燃料组件的完整性和可靠性情况、燃料破损机理有较为全面的认识；本书广泛调研了各国在汲取各类事件经验教训方面的做法，包括燃料设计制造、监测检查的应用情况和技术改进，以及漏损组件的入堆修理等管理实践经验，以期为我国提升燃料可靠性以及合理妥善应对处理燃料棒破损问题提供参考。

全球燃料破损事件的统计分析表明，所有水冷反应堆（PWR、BWR、VVER、CANDU和其他 PHWR）的燃料破损率近年来均显著降低，已经达到了较低的水平，单机组大规模和重大燃料失效事件显著减少，PWR 和 BWR 的改善趋势最为稳定（燃料破损率、大规模和重大燃料失效事件持续降低）。燃料组件的失效行为逐渐发生了变化，大破口缺陷有效减少，近些年发生的一些失效主要是气密性丧失，释放的裂变产物很少。

通过对燃料破损典型事件的分析研究，本书总结了 29 个高级别经验教训。

堆内燃料失效事件——与腐蚀相关的经验教训

（1）在机械性能设计中，考虑铁材料的应力腐蚀开裂敏感性，以确保足够的材料抗性。

（2）通过足够高分辨率的摄像机改进目视检查，并将检查定义为改进燃料行为异常检测手段和后续调查的重要活动。

（3）在等待针对性的纠正措施的同时，采取适当的补偿措施，以避免过度包壳腐蚀和污垢的蔓延与发展，并减轻意外后果。

（4）改进对制造燃料组件修改对反应堆内性能影响的评估。

（5）在插入上部堆内构件与降低堆内构件之前以及一个燃料循环后对燃料组件销进行目视检查。

堆内燃料失效事件——与磨损相关的经验教训

（6）为确保燃料组件的完整性、堆芯冷却能力和堆芯反应性控制，需开展异物排除（FME）培训，优化工作流程和组织结构，以及完善书面文件和程序，以尽量减少 FME 风险，并在员工中培养风险防范意识。此外，还可以采取以下措施进一步支持 FME 工作：进行额外的反应性 FME 培训、加强对 FME 区域的监测、在程序中增加控制步骤、设置指示 FME 风险的特殊标志、发放适当且安全的工具，以及禁止滥用工具。如果一回路中有异物，持牌人必须对异物的毒性进行分析并做好记录。

堆内燃料失效事件——与尺寸变化相关的经验教训

（7）通过足够的横向刚度和足够的间隔角设计来减少堆内燃料组件变形。

（8）优化燃料管理策略和堆芯组件排布方式，以减少燃料组件的变形。

堆内燃料失效事件——与芯块-包壳相互作用相关的经验教训

（9）改进检测运行功率变化时功率梯度限值的方法，防止应力腐蚀引起的芯块-包壳相互作用使燃料棒失效。

堆内燃料失效事件——与冷却不足相关的经验教训

（10）在对反应堆和乏燃料池冷却系统维修前进行风险分析，特别关注供电系统。

堆内燃料失效事件——与围板射流相关的经验教训

（11）结合运行经验反馈，对下部堆内构件进行围板流向修改，以避免围板射流。

堆内燃料失效事件——与制造缺陷相关的经验教训

（12）确保设计以及人力和组织措施，以符合有关燃料芯块的规范。

堆内燃料失效事件——与计算/模拟相关的经验教训

（13）在核电厂现场层面，应当验证参照运行技术规范确定的应力腐蚀开裂所支持的包壳-芯块相互作用的计算程序初始输入数据与燃料装载实际状态之间的适当性。

燃料操作事件——总体经验教训

（14）为了安全地执行燃料处理操作和防止危险事件，需要明确定义参与燃料处理的不同工作人员之间的角色和职责，为他们提供详细的说明以及所需的技术能力。

燃料操作事件——与堆内操作相关的经验教训

（15）在堆芯内操作燃料时，应提供适当和精确的操作程序，以避免快速插入燃料组件，或防止维修后异物落入反应堆压力容器。

（16）在装卸料机的设计中包括一项安全措施，用于检测测高器的虚假重置问题，并将此事件整合到装卸料机操作员的培训中。

燃料操作事件——除燃料掉落和堆内事件之外的经验教训

（17）调整转运小车的移动速度，并在燃料操作活动中以不同的步骤划分任务。

（18）与所有参与活动的团队分享活动的反馈意见，说明如何遵守组织关于委派的操作不可中断性和相关操作要求。

燃料操作事件——其他相关经验教训

（19）保护员工免受物理屏障的辐射。

（20）确保参与燃料处理的工作人员和高质量远程目视检查设备的资质（RVI）。

（21）放射性物质贮存和运输的容器密封程序。

燃料贮存事件——总体经验教训

（22）经过设计修改后的设备确认。

（23）从承包商那里获得一份承诺的行动计划，以避免在靠近乏燃料池的设计和维修设备的施工期间重新产生错误。

燃料贮存事件——与临界安全裕度降低相关的经验教训

（24）提醒活动实施方面的预期，调整监测方案，解决行政闭锁相关风险的监测，并尽可能完成活动风险分析，保持质疑的态度。

（25）考虑到所有可能导致硼稀释的情况，完成风险分析，并在必要时修改设计或工作程序。此外，请确保更新操作文档。

燃料贮存事件——与丧失冷却相关的经验教训

（26）通过读取与参考配置相关的设备冷却系统热交换器流量，并与倒班团队分享运行经验反馈表。

（27）在停机准备阶段确定计划任务的风险，包括充分控制保护输出信号的正确闭锁，要求使用书面程序和共享事件反馈。

燃料贮存事件——与放射性影响相关的经验教训

（28）提醒必要的辐射安全程序，并向运行团队介绍事件的运行经验反馈（OEF）。考虑一套改善工作组织的措施，以避免重大的暴露，其中应包括建立一个系统来指示暂时污染区域，停止和继续放射性清洁，以及管理现场所有污染的规则。

（29）充分考虑到 OEF，在程序和文件中纳入设备的卫生状态以及操作人员和后勤管理人员之间的工作接口，并明确污水管理，以避免参与乏燃料贮存相关活动的工作人员受到污染。

燃料破损情况的不断改善得益于全球核行业一直致力于核燃料的设计、制造、运行管理方面的迭代完善和改进创新，大大提高了燃料的可靠性，并成功缓解了许多关键的燃料组件失效机理。早期燃料失效主要是由制造缺陷和异物磨蚀引起的，自 20 世纪 90 年代初以来，随着围板射流等其他机理性故障减少，定位格架与燃料棒的微振磨蚀（PWR）和异物磨蚀（BWR、VVER 和 CANDU）逐渐成为主要的燃料失效机理。

反应堆正常运行时需要对燃料组件进行在线检测，监测冷却剂中的活度，用于评估燃料组件的完整性和破损情况。燃料破损数据表明，^{133}Xe 是燃料失效的最可靠指标。在大多数情况下，无论泄漏（失效）燃料棒是否裸露或燃耗如何，都不会在燃料失效后立即检测到碘和其他裂变产物。各项燃料失效指标的比较表明，特定同位素的阶跃变化或活度增加与本底活度的比率，可作为燃料失效评估的可靠指标。碘和铯尖峰值是功率变化期间，特别是停堆期间燃料失效的可靠指标，在停堆时，所有燃料破损事件中都可观察到碘尖峰。裂纹型的燃料缺陷在机组运行时不容易被检测到，直到降压时才能发现。

当冷却剂裂变产物活度数据表明可能存在燃料破损时，在反应堆卸料时对堆芯内燃料组件进行啜漏试验，定性探测泄漏或怀疑泄漏燃料组件。超声检查可以甄别破损棒在燃料组件内所处的位置，并作为后续泄漏组件修复过程中拔棒的操作依据。对于单根破损燃料棒，要想确定其破损具体部位，需要将其从燃料组件中抽出，并利用涡流检测、目视检查等手段进行检测。

燃料棒出现破损后面临的监管问题包括五大类：①燃料破损后反应堆的运行；②破损燃料组件或燃料棒的查找；③破损燃料组件或燃料棒的修复和替换；④破损燃料组件或燃料棒的贮存和运输；⑤停堆后的反应堆重新启动。

主要观点总结如下：

①核电厂运行时，主要根据技术规范有关一回路放射性水平进行控制，关于堆内是否允许燃料棒破损、燃料棒破损的数量等没有特别的要求。尽管法规中没有明确破损燃料是否能再入堆，但是核工业界的良好实践经验是尽量不再入堆。

②核电厂在运行过程中发现一回路放射性水平存在异常（根据技术规范或者其他技术文件），在核电厂大修期间进行在线和/或离线啜吸检查，以便查找疑似破损燃料组件或燃料棒。

③通常可以拆卸破损的燃料棒，并用相近燃耗的燃料棒或假棒替换，修复满意（或得到核安全监管部门同意）的燃料组件可以在反应堆中再次使用。

④应重视破损燃料的贮存和运输。

⑤重新启动反应堆前，应开展破损原因分析和状态评价，并根据破损燃料棒运动轨迹，尽可能地找到所有的破损碎片，制订最终的修复和封存方案。

参考文献

[1] International Atomic Energy Agency. Review of fuel failures in water cooled reactors（2006-2015）：an update of IAEA Nuclear Energy Series no. NF-T-2.1[R]. Vienna：International Atomic Energy Agency，2019.

[2] European Commission，Joint Research Centre. Topical study on fuel related events[R]. 2023.

[3] OECD Nuclear Energy Agency. Leaking Fuel Impacts and Practices[R]. 2014.

[4] International Atomic Energy Agency. Fuel failure in water reactors：Causes and mitigation[R]. Vienna：International Atomic Energy Agency，2003.

[5] Electric Power Research Institute（EPRI）. Pressurized Water Reactor Fuel Reliability Monitoring and Failure Evaluation Handbook[R]. 2021.

[6] International Atomic Energy Agency. The International Reporting System for Operating Experience（IRS）[EB/OL]. [2024-06-08]. https:irs.iaea.org.

[7] Nuclear Regulatory Commission[EB/OL]. [2024-06-10]. https：//www.nrc.gov.

[8] 陈宝山，刘承新. 轻水堆燃料元件[M]. 北京：化学工业出版社，2007.

[9] 李冠兴，任永岗. 重水堆燃料元件[M]. 北京：化学工业出版社，2007.